人工智能在电气自动化行业中的应用

乔　琳　著

中国原子能出版社

图书在版编目（CIP）数据

人工智能在电气自动化行业中的应用 / 乔琳著. --
北京 : 中国原子能出版社, 2019.10 （2021.9重印）
ISBN 978-7-5221-0168-2

Ⅰ. ①人… Ⅱ. ①乔… Ⅲ. ①人工智能一应用一电气
化一自动化技术一研究 Ⅳ. ① TM92

中国版本图书馆 CIP 数据核字 (2019) 第 257539 号

人工智能在电气自动化行业中的应用

出版发行 中国原子能出版社（北京海淀区阜成路 43 号 100048）

责任编辑 杨晓宇

责任印制 潘玉玲

印　　刷 三河市南阳印刷有限公司

经　　销 全国各地新华书店

开　　本 787 毫米 ×1092 毫米 1/16

印　　张 8.5　　**字　　数** 186 千字

版　　次 2019 年 10 月第 1 版

印　　次 2021 年 9月第 2 次印刷

标准书号 ISBN 978-7-5221-0168-2　　**定　　价** 58.00 元

网　　址： http://www.aep.com.cn　　E-mail: atomep123@126.com

发行电话： 010-68452845

前　言

自1956年“人工智能”的概念提出以来，人工智能技术的推广和应用获得了极大的成功，并逐渐成为一种极其重要的工程技术，目前在控制工程、自动化技术、计算机网络、电子技术、信息工程、通信工程等各个领域中都有着极其广泛的应用。将人工智能与电气自动化相结合，能够对当前的电气生产效率产生显著的提升，实现自动化程度的加深，因此，在电气自动化领域引入人工智能已经成为行业发展的新方向。

在不断追求质量和效率的时代背景下，人工智能已经成为电气自动化不可或缺的技术。基于此，本书对人工智能在电气自动化行业中的应用进行研究，旨在提高对人工智能的应用水平，促进电力自动化的发展。

由于能力有限，时间仓促，书中的不足之处在所难免，望广大读者批评指正。

目　录

第 1 章　人工智能简述 1
1.1　人工智能的发展演变 1
1.2　人工智能的主要学派 5
1.3　人工智能的研究与应用领域 10
第 2 章　专家系统在电气自动化行业中的应用 23
2.1　专家系统的相关介绍 23
2.2　专家系统应用的必要性和意义 31
2.3　专家系统在编制操作票中的应用 32
2.4　专家系统在电力系统故障诊断和处理中的应用 38
2.5　专家系统在电压无功控制中的应用 48
第 3 章　遗传算法在电气自动化行业中的应用 56
3.1　遗传算法的概念与特征 56
3.2　电力系统无功优化的数学模型 59
3.3　改进遗传算法在电力系统无功优化中的应用 73
第 4 章　模糊控制在电气自动化中的应用 78
4.1　模糊控制的相关介绍 79

4.2 T–S 模糊控制的相关介绍 84

4.3 基于 T–S 模型的 UPFC 及其在多机电力系统中的应用 89

第 5 章 人工智能技术在变压器故障诊断中的应用 106

5.1 遗传算法和神经网络的基本内涵 106

5.2 GA–BP 混合算法在电力变压器故障诊断中的应用 109

5.3 智能感知技术在变压器故障诊断中的应用 120

参考文献 129

第 1 章　人工智能简述

人工智能（Artificial Intelligence，AI）是在计算机科学、信息论、控制论、系统论、神经生理学、心理学、语言学、数学、哲学等多种学科深入研究、相互渗透的基础上发展起来的，是一门综合性很强的边缘学科和前沿科学，也是一门新思想、新理论、新技术不断涌现的新兴学科。人工智能的出现及所取得的成就引起了人们的高度重视，并得到了很高的评价，人工智能与原子能和空间技术一起被誉为 20 世纪的三大科学技术成就。

有人将其称为继三次工业革命后的又一次革命，前三次工业革命主要是延伸了人手的功能，把人类从繁重的体力劳动中解放出来，人工智能则是延伸了人脑的功能，实现脑力劳动的自动化。

1.1　人工智能的发展演变

1.1.1 人工智能的定义

像许多新兴学科一样，人工智能至今尚无统一的定义，要给人工智能下个准确的定义比较困难。不同科学或学科背景的学者对人工智能有不同的理解，提出了不同的观点，下面给出这些定义，可以从不同的角度理解人工智能。

定义 1：能够在各类环境中自主地或交互地执行各种拟人任务的机器（从智能机器的角度）。

定义 2：人工智能是计算机科学中涉及研究、设计和应用智能机器的一个分支，它的近期主要目标在于研究用机器来模仿和执行人脑的某些智力功能，并开发相关理论和技术（从学科的角度）。

定义 3：人工智能是智能机器所执行的通常与人类智能有关的智能行为，如判断推理、证明、识别、感知、理解、通信、设计、思考、规划、学习和问题求解等思维活动（从能力模拟的角度）。

定义 4：人工智能是一种使计算机能够思维，使机器具有智力的激动人心的新尝试（Haugelang，1985）。

定义 5：人工智能是那些与人的思维、决策、问题求解和学习等有关活动的自动化

（Bellman，1978）

定义6：人工智能是用计算模型研究智力行为（Charniak和McDermott，1985）

定义7：人工智能是研究那些使理解、推理和行为成为可能的计算（Winston，1992）。

定义8：人工智能是一种能够执行需要人的智能的创造性机器的技术（Kurzweil，1990）。

定义9：人工智能是一门通过计算过程力图理解和模仿智能行为的学科（Schalkoff，1990）。

定义10：人工智能是计算机学科中与智能行为的自动化有关的一个分支（Luger和Stubblefield，1993）。

1.1.2 人工智能的起源、形成与发展

人工智能的出现不是偶然的。从思想基础上讲，它是人们长期以来探索能进行计算推理和其他思维活动的智能机器的必然结果；从理论基础上讲是由于控制论、信息论、系统论、计算机科学、神经生理学、心理学、数学和哲学等多种学科相互渗透的结果；从物质基础上讲，则是由于电子数字计算机的出现和广泛应用。

人工智能的产生和发展过程大致经历了以下几个阶段。

1. 孕育期

对于人工智能的发展来说，20世纪30年代和40年代的智能界，发现了两件最重要的事：数理逻辑和关于计算的新思想。弗雷治（Frege）、怀特赫德（Whitehead）、罗素（Russell）和塔斯基（Tarski）以及另外一些人的研究表明，推理的某些方面可以用比较简单的结构加以形式化。1913年，年仅19岁的维纳（Wiener）在他的论文中把数理关系理论简化为类理论，为数理逻辑的发展做出贡献，并向机器逻辑迈进一步，与图灵（Turing）后来提出的逻辑机不谋而合。数理逻辑仍然是人工智能研究的一个活跃领域，其部分原因是一些逻辑——演绎系统已经在计算机上实现过。不过，即使在计算机出现之前，逻辑推理的数学公式就已经为人们建立了计算与智能关系的概念。

丘奇（Church）、图灵及其他人关于计算本质的思想，提供了形式推理概念与即将发明的计算机之间的联系。在这方面的重要工作是关于计算和符号处理的理论概念。第一批数字计算机（实际上为数字计算器）看来不包含任何真实智能。早在这些机器设计之前，丘奇和图灵就已发现，数字并不是计算的主要方面，它们仅仅是一种解释机器内部状态的方法。被称为人工智能之父的图灵，不仅创造了一个简单的通用的非数字计算模型，而且直接证明了计算机可能以某种被理解为智能的方法来工作。霍夫施塔特（Hofstadter）在1979年撰写的《永恒的金带》（An Eternal Golden Braid）一书对这些逻辑和计算的思想以及它们与人工智能的关系给予了透彻而又引人入胜的解释。

2. 形成期

1956 年夏季，年轻的美国学者麦卡锡（McCarthy）、明斯基（Minsky）、朗彻斯特（Longchester）和香农（Shannon）共同发起，邀请莫尔（More）、塞缪尔（Samuel）、纽厄尔（Newel）和西蒙（Simon）等人参加在美国的达特茅斯（Dartmouth）大学举办的一次长达两个月的研讨会，认真热烈地讨论用机器模拟人类智能的问题。会上，首次使用了人工智能这一术语。这是人类历史上第一次人工智能研讨会，标志着人工智能学科的诞生，具有十分重要的历史意义。这些从事数学、心理学、信息论、计算机和神经学研究的年轻学者，后来绝大多数都成为著名的人工智能专家，几十年来为人工智能的发展做出重要贡献。

1969 年召开了第一届国际人工智能联合会议（International Joint Conference on AI，IJCAI），此后每两年召开一次：1970 年《人工智能》国际杂志（International Journal of AI）创刊。这些对开展人工智能国际学术活动和交流、促进人工智能的研究和发展起到积极作用。

值得一提的是控制论思想对人工智能早期研究的影响。正如纽厄尔和西蒙 1972 年在他们的优秀著作《人类问题求解》（Human problem solving）的“历史补篇”中指出的那样，20 世纪中叶人工智能的奠基者们在人工智能研究中出现了几股强有力的思潮。维纳、麦克洛克（McCulloch）和其他一些人提出的控制论和自组织系统的概念集中讨论了“局部简单”系统的宏观特性。尤其重要的是，1948 年维纳发表的控制论（或动物与机器中的控制与通信）论文，不但开创了近代控制论，而且为人工智能的控制论学派（即行为主义学派）树立了新的里程碑。我国科学家钱学森提出的“工程控制论”开辟了控制论的新分支，是对控制论的重大贡献。控制论影响了许多领域，因为控制论的概念跨接了许多领域把神经系统的工作原理与信息理论、控制理论、逻辑以及计算联系起来。控制论的这些思想是时代思潮的一部分，而且在许多情况下影响了许多早期和近期人工智能工作者，成为他们的指导思想。

最终把这些不同思想连接起来的是由巴贝奇（Babbage）、图灵、冯·诺依曼（Von Neumman）和其他一些人所研制的计算机本身。在机器的应用成为可行之后不久，人们就开始试图编写程序以解决智力测验难题、下棋以及把文本从一种语言翻译成另一种语言。这是第一批人工智能程序。对于计算机来说，促使人工智能发展的是什么？出现在早期设计中的许多与人工智能有关的计算概念，包括存储器和处理器的概念、系统和控制的概念，以及语言的程序级别的概念。不过，引起新学科出现的新机器的唯一特征是这些机器的复杂性，它促进了对描述复杂过程方法的新的更直接的研究（采用复杂的数据结构和具有数以百计的不同步骤的过程来描述这些方法）。

3. 发展期

30 多年来，人工智能的应用研究取得明显进展。首先，专家系统（Expert System）

显示出强大的生命力。被誉为“专家系统和知识工程之父”的费根鲍姆（Feigenbaum）所领导的研究小组于1968年成功研究了第一个专家系统DENDRAL，用于质谱仪分析有机化合物的分子结构。1972—1976年，费根鲍姆小组又开发成功了MYCN医疗专家系统，用于抗生素药物治疗。此后，许多著名的专家系统，如PROSPECTOR地质勘探专家系统CASNET青光眼诊断治疗专家系统、R1计算机结构设计专家系统、MACSYMA符号积分与定理证明专家系统、ELAS钻井数据分析专家系统和ACE电话电缆维护专家系统等被相继开发，为工矿数据分析处理、医疗诊断、计算机设计、符号运算和定理证明等提供了强有力的工具。1977年，费根鲍姆进一步提出了知识工程（Knowledge Engineering）的概念。整个20世纪80年代，专家系统和知识工程在全世界得以迅速发展。在开发专家系统过程中，许多研究者获得共识，即人工智能系统是一个知识处理系统，而知识表示、知识利用和知识获取则成为人工智能系统的三个基本问题。

专家系统已经取得的突出成就是人工智能生命力的一个重要表现，它正在向新的目标前进。一些新型结构、集成算法和新的应用领域正在开发和开辟。

机器学习是继专家系统之后人工智能的又一重要应用领域。尽管机器学习比专家系统更早出现，但它的发展道路并不平坦，而是经历了起步、冷静、复苏和蓬勃发展等时期。神经网络在20世纪80年代的重新兴起、行为主义的强化学习新算法开发以及遗传算法的改进与应用，为机器学习提供了新的得力工具，促进数据挖掘和知识发现的迅速发展。机器学习成为20世纪90年代人工智能最令人注目的发展领域。基于知识发现和数据挖掘的知识获取和机器学习方法已成为21世纪机器学习的一个重要研究课题，必将对人工智能的发展起到重要的推动作用。

尤其值得提到的是，在人工智能发展过程中具有重要意义的计算智能（Computational Intelligence）提出和兴起，使人工智能发展成为一门具有比较坚实理论基础和广泛应用领域的学科。计算智能的出现是信息科学与生命科学相互交叉、相互渗透和相互促进的产物，是生物信息学的主要研究内容之一。计算智能研究始于1943年麦克洛克和皮茨Pitt提出的“似脑机器”，这是人工神经网络研究的初步发展。到了20世纪80年代，神经网络的研究进入一个新的阶段，它使连接主义成为人工智能的一个新学派。

除了以神经网络为基础的神经计算外，计算智能还包括模糊计算、粗糙集理论、进化计算和遗传算法、群计算和自然计算等。其中，模糊计算是以扎德（Zadeh）于1965年提出的模糊集合为基础的，它也已得到深入研究、迅速发展和广泛应用。进化计算的研究始于20世纪60年代，并于70年代取得显著进展。进化计算和遗传算法试图模仿生物遗传学和自然选择机理，通过人工方式构造一种优化搜索算法，对生物进化过程进行数学仿真。自1975年霍兰德（Holland）提出遗传算法以来，经过几十年的开发，已发展到一个比较成熟的阶段，并在实际中得到很好的应用。

近十多年来，机器学习、计算智能、人工神经网络等和行为主义的研究深入开展，形成高潮。同时，不同人工智能学派间的争论也非常热烈。这些都推动人工智能研究的进一步发展。

我国的人工智能研究起步较晚。纳入国家计划的研究（智能模拟）始于 1978 年；1984 年召开了智能计算机及其系统的全国学术讨论会；1986 起把智能计算机系统、智能机器人和智能信息处理（含模式识别）等重大项目列入国家高技术研究计划：1993 年起，又把智能控制和智能自动化等项目列入国家科技攀登计划。进入 21 世纪后，已有更多的人工智能与智能系统研究获得各种基金计划支持。中国的科技工作者已在人工智能领域取得许多具有国际领先水平的创造性成果，其中，尤以吴文俊院士关于几何定理证明的“吴方法”最为突出，已在国际上产生重大影响，并与袁隆平院士的“杂交水稻”一起荣获首届国家科学技术最高奖励。现在，我国已有数以万计的科技人员和大学师生从事不同层次的人工智能研究、学习与应用，人工智能研究已在我国深入开展，它必将为促进其他学科的发展和我国的现代化建设做出新的重大的贡献。

1.2　人工智能的主要学派

人工智能模拟的实体对象是人类大脑，而大脑本身应该说是一个开放的复杂的巨系统，这一复杂的巨系统不断地与外界进行着物质、能量与信息交换。我们模拟这一巨系统的智能行为的困难在于，一是对其智能行为的内部运行方式至今尚未十分明了；二是至今尚未见到一个恰当的模拟模式，使一个本质上是物理的模式可以拓扑地对应模拟出个本质上既是物理的，又是生物的，又是意识的实体系统。

尽管现实和理性告诉我们，试图用一个无机的机器系统来构建一个有机的大脑是根本不可能的事，但以大脑的结构与功能特性为原型，设法建造一个与人类大脑结构与功能特性拓扑对应的人造智能系统来模拟人类的智能行为，这种努力应该说是人工智能的一个很有前途的方向。这一努力的方向应该得到肯定。

但是，即使均是以人类大脑为原型来研究人工智能，在选择什么模型来模拟人类大脑的智能行为时，人工智能从一开始就走上了两条不同的途径。一条是所谓“心理学派”所选择的方法，他们试图从心理角度出发，通过“宏观”地剖析人类大脑的记忆功能与思维机制，进而建立起人类智能行为的“心理学模型”来实现智能的模拟。而另一条被称为“生理学”途径的方法，则试图根据人脑神经网络的结果和性质，去构造所谓的“生理学模型”来模拟人类智能。这两条分别以宏观的总体行为模拟和微观的运行机制模拟为特征的途径，构成了当今智能模拟中所谓的“心理模式”和“生理模式”，以两种不同的风格推动着人工智能研究的深入进行。

目前人工智能的主要学派有下列三家。

（1）符号主义。又称为逻辑主义、心理学派或计算机学派，其原理主要为物理符号系统（符号操作系统）假设和有限合理性原理。

（2）连接主义。又称为仿生学派或生理学派，其主要原理为神经网络及神经网络间的连接机制与学习算法。

（3）行为主义。又称为进化主义或控制论学派，其原理为控制论及感知—动作型控制系统。

各学派对人工智能的发展历史具有不同的看法，做出了不同的贡献。

1.2.1 符号主义

以“心理模式”为基础来进行人工智能研究的人很多，其代表人物有麦卡锡、西蒙、纽厄尔和塞缪尔等。他们认为，人的思维过程可以看作是在一定“主观控制”机制下的“特定符号信息”的加工过程，因此，应可以制造一种可处理符号信息的“自动机”来模拟出这一过程；如果说人类思维主要是借助于语言来实现，而语言从本质上也不过是人们“约定俗成”的一套符号系统，那么，我们也一定能创造出一套“机器语言”，即一套特定的符号系统，用它来模拟出人的思维过程。

麦卡锡等于1960年提出并设计完成可用于符号处理的“人工智能语言”LISP，西蒙等又于20世纪70年代提出著名的物理符号系统，他们对人工智能的发展均产生了重要的影响。作为智能模拟的第一个较为完善的“人工智能语言”，LISP曾“武装了一代人工智能科学家”，成为程序设计语言的一个重要里程碑。而西蒙等人的物理符号系统假设（即假设把现实世界中的对象、活动和相互关系表示成符号间的互连结构，并在这种结构上应用符号处理过程，就足以解释和模拟智能），则构成了人工智能研究的一种基本原则。在物理符号系统假设中，认为人类智能的基本单元是符号，认识过程就是符号表示下的符号运算，从而思维就是符号运算。

以物理符号系统假设和逻辑推理为基础的“人工智能”这一学科的发展大体上可以划分以下为四个发展阶段。

第一阶段：20世纪50年代到60年代初，这一时期的研究主要集中在如修道士过河这样一类智力难题的求解、下棋程序以及用计算机证明逻辑学与几何学定理等方面。

第二阶段：1963年以后，人们开始注意到用自然语言（如中文、英文）通信的能力是人类智能的一个重要标志，于是，如何能使计算机理解自然语言、自动回答问题和进行景物分析构成了当时“人工智能”研究所追求的主要目标。

第三阶段：20世纪70年代，其重要标志是，在对人类专家的科学推理过程进行了大量探索之后，一批具有专家水平的程序系统相继问世。

第四阶段：20世纪80年代，“人工智能”开始以知识工程为中心发展，在这一时期，针对不同应用目的，开发成功了一大批实用的专家系统，从而使越来越多的人认识到各类专门知识在人工智能中的重要作用。

由于人类的智能行为是多种能力的综合，在处理不同问题类时，有其各自独特的规律。

为了计算机实现的可能性，对可求解的问题类和可模拟的智能行为，选择恰当的方法有时显得特别重要。下面两种选择在该学科的研究发展中曾起到了重要的作用。

一是西蒙等人在模拟智力难题求解和逻辑几何证明问题的实践中抽象出的以启发式搜索为基础的问题求解方法。其典型例子是他们的通用问题求解程序 GPS。这方面的成果为人工智能提供了包括生成测试法、爬山法、手段目的分析法和最佳优先法等一套问题求解的基本方法。这些方法以其具有通用性为特点，并成为以后更复杂问题求解的框架。但由于通用，就不能利用具体问题论域内的特殊知识，而这些特殊知识又往往能更有效帮助问题的求解，所以也显示其不足。

二是费根鲍姆等人提出的利用问题论域的特殊知识来模拟专家进行科学推理方法的研究。其主要成果是 MYCIN（用于细菌感染诊断）、R1（用于计算机配置）和 HEARSAT（用于语音识别）等一批早期专家系统的问世。

专家系统的出现标志着人工智能走向应用阶段的开始，并开始带来了巨大的效益。专家系统与传统程序的不同之处在于求解问题的知识已不再隐含在程序和数据结构中而是单独构成一个知识库。由于知识库中的知识可方便地增删或修改，而不会导致整个问题求解程序的变化，从而使程序结构上长期不变的“数据 + 算法 = 程序”的模式发生了变化，出现了“知识 + 推理 = 系统”的新模式。

专家系统求解问题的能力，目前在一定范围内已达到了人类专家的水平，其中知识占据着重要的地位。因此，知识表示、知识获取以及知识运用成了以心理模式为基础的人工智能这一学科当前研究的一些中心内容。

目前，以心理模式为基础的人工智能发展所遇到的主要难题有：

（1）包含许多知识的人工智能系统，如何解决它的实时性问题；

（2）对现实环境中大量存在的不完全的、模糊的甚至带有错误信息的知识如何处理；

（3）知识的获取问题。

1.2.2 连接主义

由于以心理模式为基础的人工智能发展所遇到的难题一时很难解决，人们开始注重人工智能研究的“生理模式”方法，大批的人工智能工作者投身到这一研究中。

人工智能研究的人工神经网络方法，即所谓的连接机制方法，是不同于以心理模式为基础的人工智能和专家系统的另一种类型的智能模拟方法。它是受人脑的神经元及其相连而成的网络的某种启示，试图通过大量人工元素（神经元）间并行的协同作用来实现智能模拟功能，因此也被称为“并行信息处理方法”。人脑是这种方法的卓越代表系统，它不采用大量的机械计算和复杂的逻辑运算，并能灵活地适应和处理各种复杂的和模糊的情况，对问题迅速求解。

事实上智能模拟的神经网络方法很早就开始了研究，几乎与计算机科学的发展同时进行，许多计算机科学研究的先驱者同时对联接机制也进行过许多有益的探索。在当时，将脑与计算机结合在一起研究是颇为风行的事。在20世纪40年代，麦克洛克和皮茨根据人的神经元网络结构提出了一种形式化神经元模型，试用于图像处理和模式识别等。50年代初期，罗圣勃莱特（Rosenblatt）给出一种能够进行简单学习的网络模型，称之为感知机（Perception），并证明了在某种条件下算法的收敛性，当时罗圣勃莱特和其他一些研究者曾对之报以很高的希望。

但是，1969年，作为人工智能创始人之一的明斯基（Minsky）和白伯脱（Parter）等经过数年潜心研究，指出了Perception的局限性，并指出只有做某些改进，其能力才会得到加强。但是能否找到一种有效的改进算法，Minsky的态度是悲观的。进入70年代，对神经网络模型的研究急剧衰退。其原因说法不一，有种说法认为，神经网络研究降温的主要原因是由于计算机技术的迅速发展，因为神经网络方法与冯诺依曼计算机原理完全不同，计算机得到了飞速发展，因此，在实现智能信息处理时，以计算机为工具，采用依靠逻辑的符号处理方法便是很自然的了。但无论怎么说，70年代是人工神经网络理论研究的一个衰退期，在日本、欧洲以及美国，只有很少的研究者在继续进行神经网络模型的基础性研究工作，探索能突破Perception的新模型。尽管如此，这段时期的研究还是为神经网络理论的进一步发展打下了基础。

1982年，霍普菲尔德（Hopfield）提出了一种新的非线性网络模型，这种神经网络系统的运行机制是要求达到一种网络系统能量函数的最小状态。Hopfield模型可以模拟联想机制，在信息不完全或受干扰的情况下图像仍能恢复原来的清晰状态。更为重要的是Hopfield用这种网络来解决著名的货郎担问题，可在概率意义下获得最优路径，并且使用模拟退火技术可使概率增加。货郎担问题是著名的NP问题，是计算机科学和人工智能研究中的难题之一，Hopfield网络可使这类问题求解变为可能，证明了主要是模拟形象思维的神经网络可以部分解决逻辑思维中难以解决的问题，使人们看到形象思维的魅力，给逻辑思维及人工智能中一些难题的求解带来了新的希望。1985年洛曼哈特（Rumelhart）等又提出了一种多层的非线性网络模型Back-Propagation，突破了原先单层网络的限制，解决问题的能力比以前大大增加。用这种网络进行信息处理、模式识别和建立专家系统都取得了较好的效果，具有一定的自学习、自组织和自适应能力，可以通过样本进行知识获取和知识表达，建立模型。所有这些，都引发了人们对人工神经网络理论的热切关注。总之，基于心理模式的人工智能方法在模拟视觉和听觉方面正遇到挫折，于是在国内外，一个人工神经网络理论研究的热潮很快又出现了，联接机制方法的研究在新的水平上又重新获得了新生。

联接机制方法采用网络形式，以分布式存储信息。它采用并行处理方法，决定了它的非局域性，对信息处理体现为一个动力学网络的运行过程，具有许多与人的形象思维相类似的特点。从形象思维的角度看，联接网络的权值及节点的阈值是网络存储信息的主要手段，网络的运行主要受物理学、生物学和数学等科学规律支配，网络机制中的非逻辑运行从一定意义上说也可认为是对应着形象思维的一种模拟功能。

联接机制方法（神经网络方法）以不同于传统人工智能的功能结构和运行机制为人工智能带来了新的希望，但是，实践已经表明，不论是用哪种方法单独实现的智能系统都是有局限性的。因此综合研究两种方法便成了人工智能研究的必然趋势，形成了当前智能模拟研究的一大热点，有人认为 Agent 系统是这两种研究方法的最佳结合，或者说是一种新的 AI 研究方法。

1.2.3 行为主义

行为主义学派认为人工智能源于控制论。控制论思想早在 20 世纪四五十年代就成为了时代思潮的重要部分，影响了早期的人工智能工作者。控制论把神经系统的工作原理与信息理论、控制理论以及计算机联系起来。早期的研究工作重点是模拟人在控制过程中的智能行为和作用，如对自寻优、自适应、自校正、自组织和自学习等控制论系统的研究，并进行“控制论动物”的研制。到 20 世纪六七十年代，上述这些控制论系统的研究取得一定进展，播下智能控制和智能机器人的种子，并在 20 世纪 80 年代诞生了智能控制和智能机器人系统。行为主义是 20 世纪末才以人工智能新学派的面孔出现的，引起许多人的兴趣。这一学派的代表作首推 Brooks 的六足行走机器人，被看作新一代的“控制论动物”，是一个基于感知 – 动作模式的模拟昆虫行为的控制系统。

Brooks 提出了无需表示的智能，无需推理的智能，他认为智能只是在与环境的交互作用中表现出来，强调系统与环境的交互，从运行环境中获取信息，通过自己的动作对环境施加影响。

这三种学派从不同侧面研究人的自然智能，与人脑思维模型有对应关系，可以认为符号主义研究抽象思维，连接主义研究形象思维，行为主义研究感知思维。表 1-1 给出了符号主义、连接主义和行为主义特点的比较。

表 1–1　符号主义、连接主义和行为主义特点的比较

学派类别层次	符号主义	连接主义	行为主义
认识层次	离散	连续	连续
表示层次	符号	连接	行动
求解层次	自顶向下	由低向上	由低向上
处理层次	串行	并行	并行
操作层次	推理	映射	交互
体系层次	局部	分布	分布
基础层次	逻辑	模拟	直觉判断

1.3 人工智能的研究与应用领域

人工智能的研究领域包括自然语言处理、自动定理证明、智能数据检索系统、机器学习、模式识别、视觉系统、问题求解、人工智能方法和程序语言以及自动程序设计等。在过去的40多年中，已经建立了一些具有人工智能的计算机系统。例如，能够求解微分方程的、下棋的、设计分析集成电路的、合成人类自然语言的、检索情报的、诊断疾病以及控制太空飞行器、地面移动机器人和水下机器人的具有不同程度人工智能的计算机系统。

人工智能各领域并不是完全独立的，把它们分开来介绍只是为了便于指出现有的人工智能程序能够做些什么和还不能做什么。大多数人工智能研究课题都涉及许多智能领域。

1.3.1 问题求解

人工智能的第一大成就是发展了能够求解难题的下棋（如国际象棋）程序。在下棋程序中应用的某些技术，如向前看几步，并把困难的问题分成一些比较容易的子问题，发展成为搜索和问题归约这样的人工智能基本技术。今天的计算机程序能够下锦标赛水平的各种方盘棋、五子棋和国际象棋，并取得前面提到的计算机棋手战胜国际象棋冠军的成果。另一种问题求解程序把各种数学公式符号汇编在一起，其性能达到很高的水平，并正在为许多科学家和工程师所应用。有些程序甚至还能够用经验来改善其性能。1993年，美国发布了一个叫作MACSYMA的软件，能够进行比较复杂的数学公式符号运算。

如前所述，这个问题中未解决的问题包括人类棋手具有的但尚不能明确表达的能力，如国际象棋大师们洞察棋局的能力。另一个未解决的问题涉及问题的原概念，在人工智能中叫做问题表示的选择。人们常常能够找到某种思考问题的方法，从而使求解变得容易而最终解决该问题。到目前为止，人工智能程序已知如何考虑要解决的问题，即搜索解答空间，寻找较优的解答。

1.3.2 逻辑推理与定理证明

早期的逻辑演绎研究工作与问题和难题的求解关系相当密切。已经开发出的程序能够借助于对事实数据库的操作来“证明”断定，其中每个事实由分立的数据结构表示，就像数理逻辑中由分立公式表示一样。与人工智能其他技术的不同之处是，这些方法能够完整和一致地加以表示。也就是说，只要本原事实是正确的，那么程序就能够证明这些从事实得出的定理，而且也仅仅是证明这些定理。

逻辑推理是人工智能研究中最持久的子领域之一。特别重要的是要找到一些方法，只把注意力集中在一个大型数据库中的有关事实上，留意可信的证明，并在出现新信息时适时地修正这些证明。

对数学中臆测的定理寻找一个证明或反证，确实称得上是一项智能任务。为此不仅需要有根据假设进行演绎的能力，而且需要某些直觉技巧。例如，为了求证主要定理而猜测应当首先证明哪一个引理。一个熟练的数学家运用他的判断力能够精确地推测出某个科目范围内哪些以前已证明的定理在当前的证明中是有用的，并把他的主问题归结为若干子问题，以便独立地处理它们。有几个定理证明程序已在有限的程度上具有某些这样的技巧。1976年7月，美国的阿佩尔（Appel）等人合作解决了长达124年之久的难题——四色定理。他们用3台大型计算机，花去1200小时CPU时间，并对中间结果进行人为反复修改达500多处。四色定理的成功证明曾轰动计算机界。我国人工智能大师吴文俊院士提出并实现了几何定理机器证明的方法，被国际上承认为“吴方法”，是定理证明的又一标志性成果。

定理证明的研究在人工智能方法的发展中曾经产生过重要的影响。例如，采用谓词逻辑语言的演绎过程的形式化有助于更清楚地理解推理的某些子命题。许多非形式的工作，包括医疗诊断和信息检索都可以和定理证明问题一样加以形式化。因此，在人工智能方法的研究中定理证明是一个极其重要的论题。

1.3.3 自然语言理解

语言处理也是人工智能的早期研究领域之一，并得到进一步的重视。已经编写出能够从内部数据库回答问题的程序，这些程序通过阅读文本材料和建立内部数据库，能够把句子从一种语言翻译为另一种语言，执行给出的指令和获取知识等。有些程序甚至能够在一定程度上翻译从话筒输入的口头指令。尽管这些语言系统并不像人们在语言行为中所做的那样好，但是它们能够适合某些应用。那些能够回答一些简单询问和遵循一些简单指示的程序是这方面的初期成就，它们与机器翻译初期出现的故障一起，促使整个人工智能语言方法的彻底变革。人工智能在语言翻译与语音理解程序方面已经取得的成就，发展为人类自然语言处理的新概念。

当人们用语言互通信息时，他们几乎不费力气地进行着极其复杂却又只需要一点点理解的过程。然而要建立一个能够生成和“理解”哪怕是片断自然语言的计算机系统却是异常困难的。语言已经发展成为智能动物之间的一种通信媒介，它在某些环境条件下把点“思维结构”，从一个头脑传输到另一个头脑，而每个头脑都拥有庞大的高度相似的周围思维结构作为公共的文本。这些相似的、前后有关的思维结构中的一部分允许每个参与者知道对方也拥有这种共同结构，并能够在通信“动作”中用它来执行某些处理语言的发展，显然为参与者使用他们巨大的计算资源和公共知识来生成和理解高度压缩和流畅的知识开拓了机会。语言的生成和理解是一个极为复杂的编码和解码问题。

一个能够理解自然语言信息的计算机系统看起来就像一个人一样需要有上下文知识以

及根据这些上下文知识和信息用信息发生器进行推理的过程。理解口头和书写语言的计算机系统所取得的某些进展，其基础就是有关表示上下文知识结构的某些人工智能思想以及根据这些知识进行推理的某些技术。

1.3.4 自动程序设计

也许程序设计并不是人类知识的一个十分重要的方面，但是它本身却是人工智能的一个重要研究领域。这个领域的工作叫作自动程序设计。已经研制出能够以各种不同的目的描述（例如输入输出对，高级语言描述，甚至英语描述算法）来编写计算机程序。这方面的进展局限于少数几个完全现成的例子。对自动程序设计的研究不仅可以促进半自动软件开发系统的发展，而且也使通过修正自身数码进行学习，即修正它们的性能的人工智能系统得到发展。程序理论方面的有关研究工作对人工智能的所有研究工作都是很重要的。

编写一段计算机程序的任务既与定理证明有关，又与机器人学有关。自动程序设计定理证明和机器人问题求解中大多数基础研究是相互重叠的。从某种意义上讲，编译程序已经在做着“自动程序设计”的工作。这里所指的自动程序设计是某种“超级编译程序”或者是某种能够对程序要实现什么目标进行非常高级描述的程序，并能够由这个程序产生出所需要的新程序。这种高级描述可能是采用形式语言的一条精辟语句（如谓词演算），也可能是一种松散的描述（如用英语），这就要求在系统和用户之间进一步对话以澄清语言的模糊。

自动编制一份程序来获得某种指定结果的任务与证明一份给定程序将获得某种指定结果的任务是紧密相关的。后者叫作程序验证。许多自动程序设计系统将产生一份输出程序的验证作为额外收获。

自动程序设计研究的重大贡献之一是作为问题求解策略的调整概念。已经发现，对程序设计或机器人控制问题，先产生一个不费事的有错误的解，然后再修改它（使它正确工作），这种做法一般要比坚持要求第一个解就完全没有缺陷的做法有效得多。

1.3.5 专家系统

一般地说，专家系统是一个智能计算机程序系统，其内部具有大量专家水平的某个领域的知识与经验，能够利用人类专家的知识和解决问题的方法来解决该领域的问题。也就是说，专家系统是一个具有大量专门知识与经验的程序系统，它应用人工智能技术，根据某个领域中一个或多个人类专家提供的知识和经验进行推理和判断，模拟人类专家的决策过程，以解决那些需要专家决定的复杂问题。

在专家系统或“知识工程”的研究中已经出现了成功和有效地应用人工智能技术的趋势。有代表性的是，用户与专家系统进行“咨询对话”，就像他与具有某方面经验的专家进行对话一样：解释他的问题，建议进行某些试验以及向专家系统提出询问以期得到有关解答等。目前的实验系统，在咨询任务，如化学和地质数据分析、计算机系统结构、建筑工程以及医疗诊断等方面，其质量已经达到很高的水平。还有许多研究集中在使专家系统具有解释它们的推理能力，从而使咨询更好地为用户所接受，同时能帮助人类专家发现系统推理过程中出现的差错。

当前的研究涉及有关专家系统设计的各种问题。这些系统是在某个领域的专家与系统设计者之间经过艰苦的反复交换意见之后建立起来的。现有的专家系统都局限在一定范围内，而且没有人类那种能够知道自己什么时候可能出错的感觉。

发展专家系统的关键是表达和运用专家知识，即来自人类专家的、并已被证明对解决有关领域内的典型问题有用的事实和过程。专家系统与传统的计算机程序最本质的不同之处在于专家系统所要解决的问题一般没有算法解，并且经常要在不完全、不精确或不确定的信息基础上做出结论。

随着人工智能整体水平的提高，专家系统也得以发展。正在开发的新一代专家系统有分布式专家系统和协同式专家系统等。在新一代专家系统中，不但采用基于规则的方法，而且采用基于框架的技术和基于模型的原理。

1.3.6 机器学习

学习能力无疑是人工智能研究中最突出和最重要的一个方面。人工智能在这方面的研究近年来取得了一些进展。

学习是人类智能的主要标志和获得知识的基本手段。机器学习（自动获取新的知识及新的推理算法）是使计算机具有智能的根本途径。正如香克（R. Shank）所说："一台计算机，若不会学习，就不能称为具有智能的。"此外，机器学习还有助于发现人类学习的机理和揭示人脑的奥秘。所以这是一个始终得到重视，理论正在创立，方法日臻完善，但远未达到理想境地的研究领域。

学习是一个有特定目的的知识获取过程，其内部表现为新知识结构的不断建立和修改，而外部表现为性能的改善。传统的机器学习倾向于使用符号表示而不是数值表示，使用启发式方法而不是算法。传统机器学习的另一倾向是使用归纳而不是演绎。前一倾向使它有别于人工智能的模式识别等分支，后一倾向使它有别于定理证明等分支。

一个学习过程本质上是学习系统把导师（或专家）提供的信息转换成能被系统理解并应用的形式的过程。按照系统对导师的依赖程度可将学习方法分类为机械式学习、讲授式学习、类比学习、归纳学习、观察发现式学习等。

此外，近年来又发展了下列各种学习方法：基于解释的学习、基于事例的学习、基于概念的学习、基于神经网络的学习、遗传学习等。

1.3.7 神经网络

由于冯·诺依曼体系结构的局限性，数字计算机还存在一些尚无法解决的问题。例如，基于逻辑思维的知识处理，在一些比较简单的知识范畴内能够建立比较清楚的理论框架，部分地表现出人的某些智能行为。但是，在视觉理解、直觉思维、常识与顿悟等问题上却显得力不从心。这种做法与人类智能活动有许多重要差别。传统的计算机不具备学习能力，无法快速处理非数值计算的形象思维等问题，也无法求解那些信息不完整、不确定性和模糊性的问题。人们一直在寻找新的信息处理机制，神经网络计算就是其中之一。

研究结果已经证明，用神经网络处理直觉和形象思维信息具有比传统处理方式好得多的效果。神经网络的发展有着非常广阔的科学背景，是众多学科研究的综合成果。神经生理学家、心理学家与计算机科学家的共同研究得出的结论是：人脑是一个功能特别强大、结构异常复杂的信息处理系统，其基础是神经元及其互联关系。因此，对人脑神经元和人工神经网络的研究，可能创造出新一代人工智能机——神经计算机。

对神经网络的研究始于20世纪40年代初期，经历了一条十分曲折的道路，几起几落，20世纪80年代初以来，对神经网络的研究再次出现高潮。霍普菲尔德提出用硬件实现神经网络，洛曼哈特等人提出多层网络中的反向传播（BP）算法就是两个重要标志。

对神经网络模型、算法、理念分析和硬件实现的大量研究，为神经网络计算机走向应用提供了物质基础。现在，神经网络已在模式识别、图像处理、组合优化、自动控制、信息处理、机器人学和人工智能的其他领域获得日益广泛的应用。人们期望神经计算机将重建人脑的形象，极大地提高信息处理能力，在更多方面取代传统的计算机。

1.3.8 机器人学

人工智能研究领域日益受到重视的另一个分支是机器人学，其中包括对操作机器人装置程序的研究。这个领域所研究的问题，从机器人手臂的最佳移动到实现机器人目标的动作序列的规划方法，无所不包。尽管已经建立了一些比较复杂的机器人系统，但是现正在工业上运行的成千上万台机器人，都是一些按预先编好的程序执行某些重复作业的简单装置。大多数工业机器人是“盲人”，而某些机器人能够用电视摄像机来“看”。

一些并不复杂的动作控制问题，如移动式机器人的机械动作控制问题，表面上看并不需要很多智能。即使是个小孩，也能顺利地通过周围环境，操作电灯开关、玩具积木和餐具等物品。然而人类几乎下意识地就能完成的这一任务，要是由机器人来实现就要求机器人具备在求解需要较多智能问题时所用到的能力。

机器人和机器人学的研究促进了许多人工智能思想的发展。它所导致的一些技术可用来模拟世界的状态，用来描述从一种世界状态转变为另一种世界状态的过程。它对于怎样产生动作序列的规划以及怎样监督这些规划的执行有了一种较好的理解。复杂的机器人控制问题迫使人们发展一些方法，先在抽象和忽略细节的高层进行规划，然后再逐步在细节越来越重要的低层进行规划。

1.3.9 模式识别

计算机硬件的迅速发展，计算机应用领域的不断开拓，迫切地要求计算机能够更有效地感知诸如声音、文字、图像、温度、振动等人类赖以发展自身、改造环境所运用的信息资料。但就一般意义来说，目前一般计算机却无法直接感知它们，键盘、鼠标等外部设备，对于这样五花八门的外部世界显得无能为力。纵然电视摄像机、图文扫描仪话筒等硬设备业已解决了上述非电信号的转换，并与计算机联机，但由于识别技术不高，而未能使计算机真正知道所采录的究竟是什么信息。计算机对外部世界感知能力的低下，成为开拓计算机应用的瓶颈，也与其高超的运算能力形成强烈的对比。于是，着眼于拓宽计算机的应用领域，提高其感知外部信息能力的学科——模式识别，便得到迅速发展。

人工智能所研究的模式识别是指用计算机代替人类或帮助人类感知模式，是对人类感知外界功能的模拟，研究的是计算机模式识别系统，也就是使一个计算机系统具有模拟人类通过感官接受外界信息、识别和理解周围环境的感知能力。

实验表明，人类接受外界信息的 80% 以上来自视觉，10% 左右来自听觉。所以，早期的模式识别研究工作集中在对文字和二维图像的识别方面，并取得了不少成果。自 20 世纪 60 年代中期起，机器视觉方面的研究工作开始转向解释和描述复杂的三维景物这一更困难的课题。罗伯斯特（Robert）于 1965 年发表的论文，奠定了分析由棱柱体组成的景物的方向，迈出了用计算机把三维图像解释成三维景物的一个单眼视图的第一步，即所谓的积木世界。

接着，机器识别由积木世界进入识别更复杂的景物和在复杂环境中寻找目标以及实效景物分析等方面的研究。目前研究的热点是活动目标（如飞行器）的识别和分析，它是景物分析走向实用化研究的一个标志。

语音识别技术的研究始于 20 世纪 50 年代初期。1952 年，美国贝尔实验室的戴维斯（Davis）等人成功地进行了 0~90 个数字的语音识别实验，其后由于当时技术上的困难，研究进展缓慢，直到 1962 年才由日本研制成功第一个连续多位数字语音识别装置。1969 年，日本的板仓斋藤提出了线性预测方法，对语音识别和合成技术的发展起到了推动作用。20 世纪 70 年代以来，各种语音识别装置相继出现，性能良好的能够识别单词的声音识别系统已进入实用阶段。神经网络用于语音识别也已取得成功。

模式识别是一个不断发展的新学科，它的理论基础和研究范围也在不断发展。随着生物医学对人类大脑的初步认识，模拟人脑构造的计算机实验即人工神经网络方法早在 20 世纪 50 年代末、60 年代初就已经开始。至今，在模式识别领域，神经网络方法已经成功地应用于手写字符的识别、汽车牌照的识别、指纹识别、语音识别等方面。目前模式识别学科正处于大发展的阶段，随着应用范围的不断扩大以及计算机科学的不断进步，基于人工神经网络的模式识别技术在今后将会得到更大的发展，量子计算技术也将用于模式识别研究。

1.3.10 机器视觉

机器视觉或计算机视觉已从模式识别的一个研究领域发展为一门独立的学科。在视觉方面，已经给计算机系统装上电视输入装置以便能够“看见”周围的东西。在人工智能中研究的感知过程通常包含一组操作。例如，可见的景物由传感器编码，并被表示为一个灰度数值的矩阵。这些灰度数值由检测器加以处理。检测器搜索主要图像的成分，如线段、简单曲线和角度等。这些成分又被处理，以便根据景物的表面和形状来推断有关景物的三维特性信息。其最终目标则是利用某个适当的模型来表示该景物。

整个感知问题的要点是形成一个精炼的表示以取代难以处理的、极其庞大的未经加工的输入数据。最终表示的性质和质量取决于感知系统的目标。不同系统有不同的目标但所有系统都必须把来自输入的多得惊人的感知数据简化为一种易于处理的和有意义的描述。

对不同层次的描述做出假设，然后测试这些假设，这一策略为视觉问题提供了一种方法。已经建立的某些系统能够处理一幅景物的某些适当部分，以此扩展一种描述若干成分的假设。然后这些假设通过特定的场景描述检测器进行测试。这些测试结果又用来发展更好的假设等。

计算机视觉通常可分为低层视觉与高层视觉两类。并非人工智能的全部领域都是围绕着知识处理的，计算机低层视觉就是一例。低层视觉主要执行预处理功能，如边缘检测、动目标检测、纹理分析，通过阴影获得形状、立体造型、曲面色彩等。其目的是使被观察的对象更凸显出来，这时还谈不到对它的理解。高层视觉则主要是理解所观察的形象，也只有这时才显示出掌握与所观察的对象相关联的知识的重要性。

机器视觉的前沿研究领域包括实时并行处理、主动式定性视觉、动态和时变视觉三维景物的建模与识别、实时图像压缩传输和复原、多光谱和彩色图像的处理与解释等。机器视觉已在机器人装配、卫星图像处理、工业过程监控、飞行器跟踪和制导以及电视实况转播等领域获得极为广泛的应用。

1.3.11 智能控制

人工智能的发展促进了自动控制向智能控制的发展。智能控制是一类无须（或需要）尽可能少的人的干预就能够独立驱动智能机器实现其目标的自动控制。或者说，智能控制是驱动智能机器自主地实现其目标的过程。许多复杂的系统难以建立有效的数学模型和用常规控制理论进行定量计算与分析，而必须采用定量数学解析法与基于知识的定性方法的混合控制方式。随着人工智能和计算机技术的发展，已有可能把自动控制和人工智能以及系统科学的某些分支结合起来，建立一种适用于复杂系统的控制理论和技术。智能控制正是在这种条件下产生的。它是自动控制的最新发展阶段，也是用计算机模拟人类智能的一个重要研究领域。

智能控制是同时具有以知识表示的非数学广义世界模型和数学公式模型表示的混合控制过程，也往往是含有复杂性、不完全性、模糊性或不确定性以及不存在已知算法的非数学过程，并以知识进行推理，以启发来引导求解过程。因此，在研究和设计智能控制系统时，不把注意力放在数学公式的表达、计算和处理方面，而是放在对任务和世界模型的描述、符号和环境的识别以及知识库和推理机的设计开发上，即放在智能机模型上。智能控制的核心在高层控制，即组织级控制。其任务在于对实际环境或过程进行组织，即决策和规划，以实现广义问题的求解。已经提出的用以构造智能控制系统的理论和技术有分级递阶控制理论、分级控制器设计的熵方法、智能逐级增高而精度逐级降低原理、专家控制系统、学习控制系统和神经控制系统等。

智能控制有很多研究领域，它们的研究课题既具有独立性，又相互关联。目前研究得较多的是以下 6 个方面：智能机器人规划与控制、智能过程规划、智能过程控制、专家控制系统、语音控制以及智能仪器。

作为当今自动控制最高水平的智能控制，近年来已得到迅速发展，应用日益普遍，并已引起高度重视。随着人工智能技术、机器人技术、航天技术、海洋工程、计算机集成制造技术和计算机技术的迅速发展，智能控制必将迎来它新的发展时期，为自动化科学技术的发展谱写新篇章。

1.3.12 智能检索

随着科学技术的迅速发展，出现了“知识爆炸”的情况。对国内外种类繁多和数量巨大的科技文献之检索远非人力和传统检索系统所能胜任。研究智能检索系统已成为科技持续快速发展的重要保证。

数据库系统是储存某种学科大量事实的计算机软件系统，它们可以回答用户提出的有关该学科的各种问题，数据库系统的设计也是计算机科学的一个活跃的分支。为了有效地表示、存储和检索大量事实，已经发展了许多技术。

智能信息检索系统的设计者们将面临以下几个问题。首先，建立一个能够理解以自然语言陈述的询问系统本身就存在不少问题。其次，即使能够通过规定某些机器可以理解的形式化询问语句来回避语言理解问题，也仍然存在一个如何根据存储的事实演绎出答案的问题。最后，理解询问和演绎答案所需要的知识都有可能超出该学科领域数据库所表示的知识范围。常识往往是需要的，但在学科领域的数据库中常常又被忽略掉。怎样表示和应用常识是采用人工智能方法的系统设计问题之一。

互联网的海量数据检索，已成为智能检索研究的目标，并促进智能检索系统的发展。

1.3.13 智能调度与指挥

确定最佳调度或组合的问题是人们感兴趣的又一类问题。一个古典的问题就是推销员旅行问题。这个问题要求为推销员寻找一条最短的旅行路线。他从某个城市出发，访问每个城市一次，且只允许一次，然后回到出发的城市。这个问题的一般提法是：对由 n 个节点组成的一个图的各条边，寻找一条最小代价的路径，使得这条路径对 n 个节点的每个点只允许穿过一次。

许多问题具有这类相同的特性。八皇后问题就是其中之一。大多数这类问题能够从可能的组合或序列中选取一个答案，不过组合或序列的范围很大。试图求解这类问题的程序产生了一种组合爆炸的可能性。这时，即使是大型计算机的容量也会被用光。

在这些问题中有几个（包括推销员旅行问题）属于理论计算机科学家所谓的 NP 完全性问题。他们根据理论上的最佳方法计算出所耗时间（或所走步数）的最坏情况来排列不同问题的难度。该时间或步数是随着问题大小的某种量度（在推销员旅行问题中，城市数目就是问题大小的一种量度）而增长的。比如，问题的难度将随着问题大小按线性，或多项式，或指数方式增长。

人工智能学家们曾经研究过若干组合问题的求解方法。他们的努力集中在使“时间问题大小”曲线的变化尽可能缓慢地增长，即使是必须按指数方式增长。有关问题域的知识再次成为比较有效的求解方法的关键。为了处理组合问题而发展起来的许多方法对其他组合上不甚严重的问题也是有用的。

智能组合调度与指挥方法已被应用于汽车运输调度、列车的编组与指挥、空中交通管制以及军事指挥等系统。它已引起有关部门的重视。其中，军事指挥系统已从 C3I（Command，Control，Communication and Intelligence） 发 展 为 C4ISR（Command，Control，Communication，Computer，Intelligence，Surveillance and Reconnaissance）， 即在 C3I 的基础上增加了侦察、信息管理和信息战，强调战场情报的感知能力、信息综合处理能力以及系统之间的交互作用能力。

1.3.14 分布式人工智能与 Agent

人工智能的研究和应用出现了许多新的领域，它们是传统人工智能的延伸和扩展。在新世纪开始的时候，这些新研究已引起人们更为密切的关注。这些新领域有分布式人工智能与 Agent、计算智能、数据挖掘与知识发现以及人工生命等。

分布式人工智能（Distributed AI，DAI）是分布式计算与人工智能结合的结果。DAI 系统以鲁棒性作为控制系统质量的标准，并具有互操作性，即不同的异构系统在快速变化的环境中具有交换信息和协同工作的能力。

分布式人工智能的研究目标是要创建一种能够描述自然系统和社会系统的精确概念

模型。DAI中的智能并非独立存在的概念，只能在团体协作中实现，因而其研究问题是各Agent之间的合作与对话，包括分布式问题求解和多Agent系统（Multi-Agent System，MAS）两个领域。其中，分布式问题求解把一个具体的求解问题划分为多个相互合作和知识共享的模块或节点。多Agent系统则研究各Agent之间智能行为的协调，包括规划知识、技术和动作的协调。这两个研究领域都要研究知识、资源和控制的划分问题，但分布式问题求解往往含有一个全局的概念模型、问题和成功标准，而MAS则含有多个局部的概念模型、问题和成功标准。

MAS更能体现人类的社会智能，具有更大的灵活性和适应性，更适合开放和动态的世界环境，因而备受重视，已成为人工智能乃至计算机科学和控制科学与工程的研究热点。当前，Agent和MAS的研究包括agent和MAS理论、体系结构、语言、合作与协调通信和交互技术、MAS学习和应用等。

1.3.15 计算智能

计算智能（Computing Intelligence，CI），涉及神经计算、模糊计算、进化计算等研究领域。

进化计算（Evolutionary Computation）是指一类以达尔文进化论为依据来设计、控制和优化人工系统的技术和方法的总称，它包括遗传算法（Genetic Algorithm）、进化策略（Evolutionary Strategy）和进化规划（Evolutionary Programming）。它们遵循相同的指导思想，但彼此存在一定差别。同时，进化计算的研究关注学科的交叉和广泛的应用背景，因而引入了许多新的方法和特征，彼此间难于分类，这些都统称为进化计算方法。目前，进化计算被广泛运用于许多复杂系统的自适应控制和复杂优化问题等研究领域，如并行计算、机器学习、电路设计、神经网络、基于Agent的仿真、细胞自动机等。

达尔文进化论是一种鲁棒的搜索和优化机制，对计算机科学，特别是对人工智能的发展产生了很大的影响。大多数生物体通过自然选择和有性生殖进行进化。自然选择决定了群体中哪些个体能够生存和繁殖，有性生殖保证了后代基因中的混合和重组。自然选择的原则是适者生存，即物竞天择，优胜劣汰。

自然进化的这些特征早在20世纪60年代就引起了美国科学家霍兰（Holland）的极大兴趣。在此期间，他和他的学生们从事如何建立机器学习的研究。霍兰注意到，学习不仅可以通过单个生物体的适应来实现，而且可以通过一个种群的多代进化适应发生。受达尔文进化论思想的影响，他逐渐认识到在机器学习中，为获得一个好的学习算法，仅靠单个策略的建立和改进是不够的，还要依赖于一个包含许多候选策略的群体的繁殖。他还认识到，生物的自然遗传现象与人工自适应系统行为的相似性，因此提出在研究和设计人工自主系统时可以模仿生物自然遗传的基本方法。20世纪70年代初，霍兰提出了“模式理论”，并于1975年出版了《自然系统与人工系统的自适应》专著，系统地阐述了遗传算法的基本原理，奠定了遗传算法研究的理论基础。德·乔恩（De Jong）的论文“一类遗传适应系统的行为分析”，把霍兰的模式理论与自己的实验结合起来，对遗传算法的发展和应用产生很大影响。科扎（Koza）把遗传算法用于最优计算机程序设计（即最优控制策略），创立了遗传编程。

进化规划是由福盖尔（Fogel）等人于20世纪60年代提出的。该方法认为智能行为必须具有预测环境的能力和在一定目标指导下对环境做出合理响应的能力。进化规划采用有限字符集的符号序列表示所模拟的环境，用有限状态机表示智能系统。它不像遗传算法那样注重父代与子代的遗传细节上的联系，而是把重点放在父代与子代表现行为的联系上。

进化策略差不多与进化规划同时由德国人雷肯伯格（Rechenburg）和施韦菲尔（Schwefel）提出来。他们在进行风洞实验时，随机调整气流中物体的最优外形参数并测试其效果，产生了进化策略的思想。

直到几年前，遗传算法、进化规划、进化策略这三个领域的研究才开始交流，并发现它们的共同理论基础是生物进化论。因此，把这三种方法统称为进化计算，而把相应的算法称为进化算法。

1.3.16 数据挖掘与知识发现

知识获取是知识信息处理的关键问题之一。20世纪80年代人们在知识发现方面取得了一定的进展。利用样本，通过归纳学习，或者与神经计算结合起来进行知识获取已有的一些试验系统。数据挖掘和知识发现是20世纪90年代初期新崛起的一个活跃的研究领域。在数据库基础上实现的知识发现系统，通过综合运用统计学、粗糙集、模糊数学机器学习和专家系统等多种学习手段和方法，从大量的数据中提炼出抽象的知识，从而揭示出蕴涵在这些数据背后的客观世界的内在联系和本质规律，实现知识的自动获取是一个富有挑战性的，并具有广阔应用前景的研究课题。

从数据库获取知识，即从数据中挖掘并发现知识，首先要解决被发现知识的表达问题。最好的表达方式是自然语言，因为它是人类的思维和交流语言。知识表示的最根本问题就是如何形成用自然语言表达的概念。概念比数据更确切、更直接、更易于理解自然语言的功能，就是用最基本的概念描述复杂的概念，用各种方法对概念进行组合，以表示所认知的事件，即知识。

机器知识发现始于1974年，并在此后十年中获得一些进展。这些进展往往与专家系统的知识获取研究有关。到20世纪80年代末，数据挖掘取得突破性进展。越来越多的研究者加入到知识发现和数据挖掘的研究行列。现在，知识发现和数据挖掘已成为人工智能研究的又一热点。

大规模数据库和互联网的迅速增长，使人们对数据库的应用提出新的要求。仅用查询检索已不能提取数据中有利于用户实现其目标的结论性信息。数据库中所包含的大量知识无法得到充分的发掘与利用，造成信息的浪费，并产生大量的数据垃圾。另一方面知识获取仍是专家系统研究的瓶颈问题。从领域专家获取知识是非常复杂的个人到个人之间的交互过程，具有很强的个性和随机性，没有统一的办法。因此，人们开始考虑以数据库作为新的知识源。数据挖掘和知识发现能够自动处理数据库中大量的原始数据，抽取出具有必然性的、富有意义的模式，成为有助于人们实现其目标的知识，找出人们对所需问题的解答。数据库中的知识发现具有 4 个特征，即发现的知识用高级语言表示发现的内容是对数据内容的精确描述：发现的结果（即知识）是用户感兴趣的：发现的过程应是高效的。

1.3.17 人工生命

人工生命（Artificial life，AL）的概念是由美国圣菲研究所非线性研究组的兰顿（Langton）于 1987 年提出来的，旨在用计算机和精密机械等人工媒介生成或构造出能够表现自然生命系统行为特征的仿真系统或模型系统。自然生命系统行为具有自组织、自复制、自修复等特征以及形成这些特征的混沌动力学、进化和环境适应。

人工生命所研究的人造系统能够演示具有自然生命系统特征的行为，在“生命之所能”（life as it could be）的广阔范围内深入研究“生命之所知”（life as we know it）的实质。只有从“生命之所能”的广泛内容来考察生命，才能真正理解生物的本质。人工生命与生命的形式化基础有关。生物学从问题的顶层开始，考察器官、组织、细胞、细胞膜直到分子，以探索生命的奥秘和机理。人工生命则从问题的底层开始，把器官作为简单机构的宏观群体来考察，自底向上进行综合，由简单的被规则支配的对象构成更大的集合，并在相互作用中研究非线性系统的类似生命的全局动力学特性

人工生命的理论和方法有别于传统人工智能和神经网络的理论和方法。人工生命通过计算机仿真生命现象所体现的自适应机理，对相关非线性对象进行更真实的动态描述和动态特征研究。

人工生命学科的研究内容包括生命现象的仿生系统、人工建模与仿真、进化动力学、人工生命的计算理论、进化与学习综合系统以及人工生命的应用等。比较典型的人工生命研究有计算机病毒、计算机进程、进化机器人、细胞自动机、人工核苷酸和人工脑等。

1.3.18 系统与语言工具

除了直接瞄准实现智能的研究工作以外，开发新的方法也往往是人工智能研究的一个重要方面。人工智能对计算机界的某些重大贡献已经以派生的形式表现出来。计算机系统的一些概念，如分时系统、编目处理系统和交互调试系统等，已经在人工智能研究中得到发展。一些能够简化演绎、机器人操作和认识模型的专用程序设计和系统常常是新思想的丰富源泉。几种知识表达语言已在 20 世纪 70 年代后期开发出来，以探索各种建立推理程序的思想。20 世纪 80 年代以来，计算机系统，如分布式系统、并行处理系统、多机协作

系统和各种计算机网络等，都有了发展。在人工智能程序设计语言方面除了继续开发和改进通用和专用的编程语言新版本和新语种之外，还研究出了一些面向目标的编程语言和专用开发工具。对关系数据库研究所取得的进展，无疑为人工智能程序设计提供了新的有效的工具。

第 2 章　专家系统在电气自动化行业中的应用

2.1　专家系统的相关介绍

专家系统是人工智能研究中最活跃且最有成效的领域之一，是人工智能的一个重要分支。自 1968 年 Edward Feigenbaum 等人成功研制出世界上第一个专家系统 DENDRAL 以来，专家系统技术得到迅速发展并日趋成熟。目前专家系统已经广泛应用于医疗诊断、图像处理、语音识别、石油化工、地质勘探、军事气象、实时监控、金融决策、交通运输等许多领域，产生了巨大的社会效益和经济效益，同时也促进了人工智能基本理论和基本技术的研究与发展，呈现出强盛的生命力和应用前景。

2.1.1 专家系统的内涵

1. 专家系统的定义

专家系统目前尚无统一且精确的定义。专家系统的奠基人费根鲍姆（E.A. Feigenbaum）认为："专家系统是一种智能的计算机程序，它运用知识和推理步骤来解决只有专家才能解决的复杂问题"。也就是说，专家系统是一个智能的计算机系统；具有相关领域内大量的专家经验知识；能应用人工智能技术来模拟人类专家决策的思维过程进行推理，以领域专家的水平来解决相关领域的复杂问题。

例如：在医学界有很多医术高明的医生，他们在各自的工作领域中具有丰富的实践经验和妙手回春的绝招，如果把某一具体领域（如肝病的诊断与治疗）的医疗经验集中起来，并以某种表示模式存储到计算机中形成知识库，然后再把专家们运用这些知识诊治疾病的思维过程编成程序构成推理机，使得计算机能像人类专家那样诊治疾病，则此程序系统就是一个专家系统。

专家系统与常规的计算机应用程序有着本质的不同：专家系统所要解决的问题一般没有算法解，并且经常要在不确定、不完善和不精确的信息基础上做出决断。

2. 专家系统的特点

专家系统一般具有如下特点。

（1）具有专家水平的专门知识

专家系统要解决只有人类专家才能解决的复杂问题，所以具有专家的专门知识是专家系统的最大特点，也是所有知识库系统的共同特点。专家系统具有的知识越丰富、质量越高，解决问题的能力就越强。

专家系统中的知识按其在问题求解中的作用可分为三个层次，即数据级、知识库级和控制级。数据级知识是指具体问题所提供的初始事实及在问题求解过程中所产生的中间结论、最终结论，也可以称为动态数据，数据级知识通常存放于数据库中。知识库级知识是指专家的知识，这一类知识是构成专家系统的基础，一个系统性能的高低取决于这种知识的质量和数量。控制级知识也可称为元知识，是关于如何运用前两种知识的知识，如在问题求解中的搜索策略、推理方法等。

（2）能进行有效的推理

专家系统要利用专家知识来求解领域内的具体问题，而问题求解的过程就是一个推理过程，所以专家系统必须具有一个推理机构，能根据用户提供的已知事实，通过运用知识库中的知识，进行有效的推理，以实现问题的求解。专家系统的核心是知识库和推理机。

（3）具有启发性

专家系统除能利用大量专业知识外，还必须利用经验的判断知识来对求解的问题做出多个假设。依据某些条件选定一个假设，使推理继续进行。

（4）具有灵活性

在专家系统的体系结构中，知识库与推理既相互联系，又相互独立。它们之间的相互联系保证了推理利用知识库中的知识进行推理以实现对问题的求解；它们之间的相互独立保证了当知识库做适当修改和更新时，只要推理策略没变，推理部分就可以不变，使系统易于扩充，具有较大的灵活性。

（5）具有透明性

专家系统一般都有解释机构，所以具有较好的透明性。人们在使用专家系统求解问题时，不仅希望得到正确的答案，而且还希望知道得出该答案的依据。解释机构可以向用户解释推理过程，回答用户提出的“为什么（Why）”“结论是如何得出的（How）”等问题。

（6）具有交互性

专家系统一般都是交互式系统，具有较好的人机界面。一方面它需要与领域专家或知识进行对话以获取知识，另一方面它也需要不断地从用户获得所需的已知事实并回答用户的询问。

（7）能根据不确定的知识进行推理

专家系统能运用知识进行推理，以模拟人类求解问题的过程。但是领域专家解决问题的方法大多是经验性的，这些经验性的知识表示往往是不精确的，它们仅以一定的可能性存在。此外，要解决的问题本身所提供的信息往往也不确定。专家系统的特点之一，就是能综合利用这些模糊的信息和知识进行推理，得出结论。

3. 专家系统的分类

目前国内外已经研制成功多种专家系统，分别应用于工业、农业、地质、气象、医疗、交通、军事、教育等领域。针对不同的应用建立的专家系统在功能、设计方法及实现技术等方面都有所不同，专家系统分类的标准也多种多样，下面根据不同的分类标准对专家系统进行分类。

（1）按用途分类

按用途分类，专家系统可分为：诊断型、解释型、预测型、决策型、控制型、设计型、规划型、调度型、监视型、教学型和修理型等。其中所谓的解释是对仪器仪表的检测数据进行分析、推测，并做出某种结论，例如通过对一个人的心电图波形数据进行分析，从而对该人的心脏生理病理情况作出某种结论；而所谓的规划是为完成某任务安排的一个行动序列，例如安排机器人做某事以较小的代价达到给定的目标行动计划等。

（2）按知识表示和工作机理分类

可分为基于规则推理的专家系统、基于一阶谓词的专家系统、基于框架的专家系统以及基于语义网络的专家系统。当然，也存在相应的综合型专家系统。

（3）按输出结果分类

①分析型其工作性质属于逻辑推理，其输出结果一般是个“结论”，如按用途分类中的前四种就都是分析型的，它们都是通过一系列推理而完成任务的。

②设计型其工作性质属于某种操作，其输出结果一般是个“方案”，如按用途分类中的后四种就都是设计型的，它们都是通过一系列操作而完成任务的。

当然，也有分析型和设计型兼之的综合型专家系统，例如医疗诊断专家系统，诊断病症要分析、推理，开处方时要设计、操作。

（4）按知识分类

知识可分为确定性知识和不确定性知识，所以专家系统又可以分为精确推理型和不精确推理型（如模糊专家系统）。

（5）按技术分类

①符号推理专家系统是把专家知识以某种逻辑网络（如由产生构成的显式或隐式的推理树、状态图、与或图，由框架构成的框架网络，还有语义网络等）存储，依据形式逻辑的推理规则，采用符号模式匹配的方法进行推理、搜索的专家系统。

②神经网络专家系统是把专家知识以神经网络形式存储，再基于神经网络，依据神经元特性函数，采用神经计算的方法实现推理搜索的专家系统。

（6）按规模分类

①大型协同式专家系统是由多学科、多领域的多名专家相互配合、通力协作的大型专家系统，它一般是由多个子系统构成的一个综合集成系统，所解决的是大型的、复杂的综合型问题，如工程、社会、经济、生态、军事等方面的问题。

②微专家系统它是可固化在一个芯片上的超小型专家系统，一般用于仪器、仪表、设备或装置上，完成控制、监测等功能。

（7）按结构分类

可分为集中式和分布式，单机型和网络型（即网上专家系统）。

2.1.2 专家系统的结构

专家系统的结构是指专家系统各组成部分的构成方法和组织形式。从专家系统的定义可知，专家系统的主要组成部分是知识库和推理机，如图 2-1 专家系统的简化结构图所示。由于每种专家系统所需完成的任务和特点并不相同，其系统结构也可能有所不同，但一般地，一个完整的专家系统应包括人机接口、推理机、知识库、数据库、知识获取机构和解释机构 6 个部分。各部分之间的关系如图 2-2 所示。

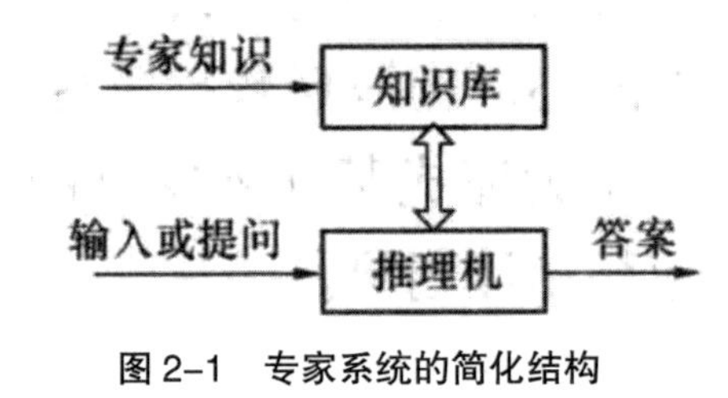

图 2-1　专家系统的简化结构

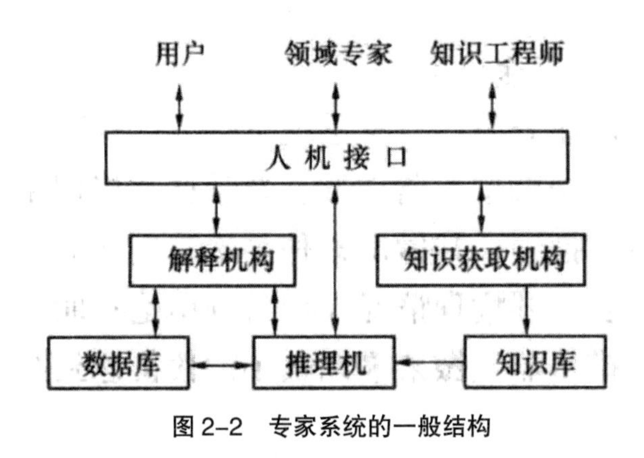

图 2-2　专家系统的一般结构

系统各个部分的作用如下。

接口是人与系统进行信息交流的媒介，是用户与专家系统进行交流的部分。一方面，接口识别与解释用户向系统提供命令、问题和数据等信息，并把这些信息转化为系统的内部表达形式；另一方面，接口也将系统向用户提出的问题、得出的结果和做出的解释以用户容易理解的形式提供给用户。

知识库用来存放领域专家所提供的专门知识。这些专门知识包括与领域相关的书本知识、常识性知识、专家在实践中所获得的经验知识以及同当前问题相关的数据信息。这些知识大多以规则、网络和过程表示。

推理机用于记忆所采用的规则和控制策略的程序，使整个专家系统能够以逻辑方式协调的工作。推理机能够利用知识进行推理和导出结论，而不是简单地搜索现成的答案。

数据库又称“黑板”，包括计划、议程和中间解三部分，是用来记录系统推理过程中用到的控制信息、中间假设和中间结果的数据库。计划记录了当前问题总的处理计划、目标和问题当前状态以及问题背景。议程记录了一些待执行的动作，这些动作大多是黑板中已有结果和知识库中规则作用而得到的。

解释器的功能是向用户解释系统的行为，包括解释结论的正确性及系统输出其他候选解的原因。为完成这一功能通常需要利用黑板中记录的中间结果、中间假设以及知识库中的知识。

知识获取主要是把用于问题求解的专门知识从某些知识源中提炼出来，并转化为计算机内的表示方式存入知识库。潜在的知识源包括专家、书本、相关数据库、实例研究和个人经验等，一般来说，主要的知识源是领域专家，所以知识获取过程需要专家、知识工程师通过反复交互，共同合作完成，通常是由知识工程师从领域专家处抽取知识，并用适当的方法把知识表达出来。

由上可知，专家系统的工作过程是根据知识库中的知识和用户提供的事实进行推理，不断地由已知的前提推出未知的结论，即中间结果，并将中间结果放到数据库中，作为已知的新事实进行推理，从而把求解的问题由未知状态转换为已知状态。在专家系统运行过程中，会不断地通过人机接口与用户进行交互，向用户提问，并向用户做出解释。

2.1.3 基于规则推理的专家系统

基于规则推理的专家系统已有数十年的开发和应用历史，是专家系统中应用最广泛的一种模式，并已被证明是一种有效的技术。

1. 基于规则推理的专家系统的特点

（1）优点

①自然表达。对于很多问题，人类应用 if-then 类型语句自然地表达他们求解问题的知识。这种易于以规则形式捕获知识的优点使基于规则的方法对专家系统设计者来说很具有吸引力。

②控制与知识分离。基于规则专家系统将知识库中包含的知识与推理机的控制相分离。这个特征不是基于规则专家系统独有的，是所有专家系统的标志。这样就允许分别改变专家系统的知识或者控制。

③知识模块性。规则是独立的知识块，它从 if’ 部分中已建立的事实逻辑中提取 then 部分中问题有关的事实。规则的独立性便于检查和纠错。

④易于扩展。专家系统知识与控制分离可以容易的添加专家系统的知识所能合理解释的规则。只要坚守所选软件的语法规定来确保规则间的逻辑关系，就可以在知识库的任何

地方添加新规则。

⑤智能成比例增长。每一个规则可以是有价值的知识块，它能从已建立的证据中告诉专家系统一些有关问题的新信息。当规则数目大增时，专家系统的智能级别也相应增加。

⑥相关知识的使用。专家系统只使用和问题相关的规则。基于规则的专家系统可能具有提出大量问题议题的问题规则。但专家系统能在已发现的信息基础上决定使用哪些规则来解决当前问题。

⑦从严格语法中获取解释。由于问题求解模型与工作存储器中的各种事实匹配的规则，故经常提供决定如何将信息放入工作存储器的机会。因为通过使用依赖于其他事实的规则可能已经放置了信息，所以可以跟踪所用的规则来得出信息。

⑧一致性检查。规则的严格结构要求专家系统进行一致性检查，来确保相同的情况下不会做出不同的行为。许多专家系统利用规则的严格结构自动检查规则的一致性，并警告开发者可能存在的冲突。

⑨启发性知识的使用。人类专家的典型优点就是他们在使用“拇指法则”或启发信息方面特别熟练，可帮助他们高效地解决问题。这些启发信息是经验提炼的“窍门”，对他们来说这些启发信息比课堂上学到的基本原理更重要。可以编写一般情况的启发性规则，来得出结论或者高效的控制知识库搜索。

⑩不确定知识的使用。对许多问题而言，可用信息仅仅建立一些议题的信任级别，而不是完全正确的断言。规则易于写成要求不确定关系的形式。这种规则通过不确定因子的数字表达不确定性。在这种方式下专家系统可以建立规则结论的信任级别。

⑪以合用变量。规则可以使用变量改进专家系统的效率，这些可以限制为工作存储器中的许多实例，并且都通过规则测试。

（2）缺点

①必须精确匹配。基于规则专家系统要求将可用规则的前部与工作存储器中的事实进行精确匹配，即必须严格坚持一致的代码。计算机不能容忍语句语法的不同。

②有不清楚的规则关系。规则可以放在知识库中的任何地方，规则的数目可能是很巨大的，所以要找到并跟踪相关的规则，并判断这些规则之间是怎样逻辑相关有些困难。

③运行慢。当推理机决定要用哪个规则时必须扫描整个规则集，如果规则数量大，处理时间会比较长。

④对有些问题不适用。当规则不能有效或自然地捕获领域知识的表示时，不适宜用基于规则的专家系统。

2. 基于规则的专家系统的工作模式

基于规则的专家系统是个计算机程序，该程序使用一套包含在知识库内的规则对工作存储器内的具体问题信息进行处理，通过推理机推断出新的信息。一个基于规则的专家系统采用知识库、工作存储器、推理机等核心模块来建立产生式系统的模型。其工作模式如

图 2-3 所示。

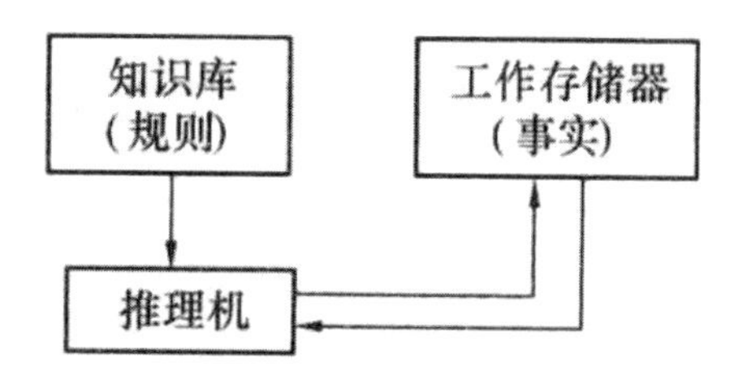

图 2–3　基于规则的工作模式

由图可知，基于规则的专家系统的工作模式：根据知识库中的规则和存放在工作存储器中用户提供的事实，建立人的推理模型进行推理；把事实与规则的先决条件进行比较，确定被激活的规则；不断地由已知的前提推出中间结果，并将中间结果作为已知的新事实继续进行推理；在系统运行过程中，会不断地通过人机接口与用户进行交互，向用户提问，并向用户做出解释；最终把求解的问题由未知状态转换为已知状态。

基于规则的专家系统不需要问题求解的精确匹配，而能够通过计算机提供一个复制问题求解的合理模型。

3. 基于规则的专家系统的结构

一个基于规则的专家系统的完整结构如图 2-4 所示，包括知识库、工作存储器、推理机、解释器、用户界面、开发界面、外部程序等。各部分作用如下：

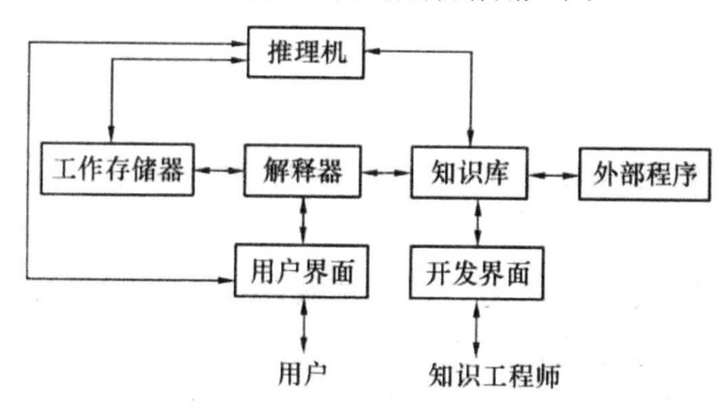

图 2–4　基于规则的专家系统的结构

①知识库。以一套规则建立人的长期存储器模型。

②工作存储器。建立人的短期存储器模型，存放问题事实和由规则激发而推断出的新事实。

③推理机。借助于把存放在工作存储器内问题事实和存放在知识库内的规则结合起来，建立人的推理模型，以推断出新的信息。推理机是产生式系统模型的推理模块，主要作用是把事实与规则的先决条件进行比较，看看哪条规则能够被激活。通过这些激活的规则，推理机把结论放进工作存储器，并进行处理，直到再没有其他规则的先决条件能与工作存

储器内的事实相匹配为止。

④解释器。对系统的推理提供解释。它的性质取决于所选择的开发软件，大多数专家系统外壳只提供有限的解释能力。

⑤用户界面。用户通过该界面来观察系统，并与系统对话。

⑥开发界面。知识工程师通过该界面对专家系统进行开发。

⑦外部程序。如数据库、扩展盘和算法等，对专家系统的工作起支持作用。所有专家系统的开发软件，包括外壳和库语言都将为系统的用户和开发者提供不同的界面。用户可能使用简单的逐字逐句的指示或交互图示。在系统开发过程中，开发者可以采用原码方法或被引导至编辑器。

4. 基于规则推理的专家系统开发设计

专家系统的开发一般是从简单任务到复杂任务逐步地改善系统知识组织和表示的过程。成功建立系统的关键在于从一个比较小的系统开始，逐步扩充为一个具有相当规模和日趋完善的试验系统。建立系统的一般步骤如图 2-5 所示。

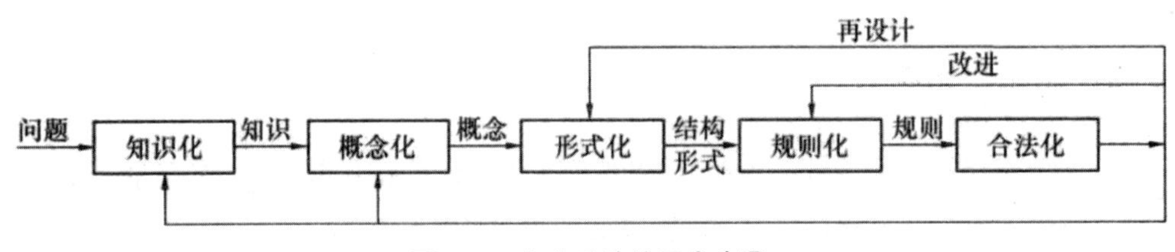

图 2-5　专家系统的开发步骤

（1）建立初始知识库

知识库的建立是专家系统最重要和最艰巨的任务，其设计包括：

①问题知识化，即辨别所研究问题的实质，如解决的任务是什么；是如何定义的；能否将它分解为子问题或子任务；及其他包含哪些典型数据等。

②知识概念化，即概括知识表示所需要的关键概念及其关系，如数据类型、已知条件和目标、提出的假设和控制策略等。

③概念形式化，即确定用来组织知识的数据结构形式，应用人工智能中各种知识表示方法把与概念化过程有关的概念、子问题和信息流特性等变换为比较正式的表达，它包括假设空间、过程模型和数据特性等。

④形式规则化，即编制规则把形式化了的知识变换为由编程语言表示的可供计算机执行的语句和程序。

⑤规则合法化，即确认规则化了的知识合理性，检验规则的有效性。

（2）原型机的开发与试验

在选定知识表达方法后开始建立整个系统所需要的实验子集，包括整个系统的典型知识，而且只涉及与试验有关的足够简单的任务和推理过程。

（3）知识库改进与归纳

反复对知识库及推理规则进行改进试验，归纳出更完善的结果，经过长时间的努力，使系统在一定范围内达到人类专家的水平。

2.2　专家系统应用的必要性和意义

对于专家系统在电力系统中应用的必要性和意义可以从下面几个方面来加以理解。

首先从电力系统分析方法的历史演变来看。在早期，电力系统的规模和复杂性相对较小，且计算机尚未广泛使用因此，对于电力系统的分析只是着重于各个元件——发电机、变压器、输电线等特性的研究并建立相应的数学模型，而对整个电力系统只是经过粗略的近似的简化以求得一个解析解，从中得出对整个电力系统行为的定性的了解。例如，用于分析单机－无穷大系统和两机系统暂态稳定的等面积法则、电机故障分析的对称分量法等。

随着电力系统规模的不断扩大和运行复杂性的不断增加，上述分析方法已不能适应实际的要求，也就是上述这种定性分析的结果不能真实地反映实际情况。同时，由于计算机性能的迅速提高，各种应用软件的研制成功，将电力系统作为一个整体来建立数学模型，采用数值分析的方法来定量的求得其数值解。例如，基于代数方程数值求解的潮流计算，基于数值积分方法的暂态稳定计算，等。从而使电力系统的离线分析进入到一个新阶段。随后，为了提高电力系统运行的安全性和经济性，能量管理系统（EMs）得到了发展，引入了状态估计、在线安全分析与控制、最优潮流等在线应用程序。在这一时期，利用控制理论、数学规划技术的离线和在线决策支持系统得到了迅速发展，这些方法有效地应用于电力系统的运行、规划、设计之中。

尽管计算机的离线与在线应用取得了卓有成效的进展，解决了电力系统中的大量重要问题。但是在电力系统中仍有不少问题需要依靠领域专家（规划、设计人员，调度运行人员等）来解决，有的是依靠专家经验求解，也有的是将基于经验的判断与基于数值分析方法得到的结果融为一体来解决的。主要是由于以下原因：

①有些问题目前还不可能建立精确的、贴切反映实际的数学模型、包括反映它的约束条件等；

②由于问题的规模和复杂性太大，即使有大型计算机也难以在时域内得到完全基于数值计算的解；

③人类专家所采用求解问题的方法有些不能用算法或数学形式来表示，他们的经验来自于知识的积累、来自于心灵深处的体验，是启发式的、直觉的。

由以上看出，专家系统弥补了单纯靠数学求解的不足，它能解决某些传统数学方法求解难以或不能解决的问题。专家系统的应用应运而生。

从求解方法上来分析，传统的求解方法是基于控制理论、数学规划和建模与仿真。它们是数值计算，计算机主要用来处理数字。而专家系统用以处理符号，引入了判断、推理、决策等功能。

控制理论和数学规划技术的应用都是把电力系统的问题表示成多维空间，前者是微分方程和差分方程求解，后者则是线性和非线性代数方程求解。而专家系统也可把问题表示成状态空间与问题空间。它与前者的差别是，它不仅仅反映数字，主要反映知识，且可表达不确定性知识。

当问题规模很大时，就要依靠建模和仿真来求解问题。但传统的建模主要是建立问题本身的模型。而专家系统也有建模的问题，但它主要是用来模拟求解问题的专家的行为。这种由模拟问题本身向模拟解题人员行为的变化是一种质的变化，是对传统方法的突破。

由此看出，专家系统在电力系统中的应用将是传统方法的变革。

2.3 专家系统在编制操作票中的应用

在调度所、发电厂和变电所实行操作票制度是我国电力系统运行管理中几十年来形成的一套行之有效的制度。它保证了操作的安全性，对电力系统的安全运行起到了极其重要的作用。而对各级运行人员来说，这又是一项频繁的、智能性的劳动。因此，这项工作的计算机化，即研制与开发各级（调度所、发电厂、变电站）的操作票专家系统有着实际的意义。

①汇集了有经验领域专家的知识和经验，确保了操作票的正确性，从而保证了电力系统操作的安全性。

②改进与提高了操作票的清晰度与规范化，提高了开票的速度，有利于操作票的存取和管理，因而提高了效益。

③解除了运行人员过多的重复劳动，从而使他们有精力处理较复杂的运行问题。

④操作票专家系统相对于紧急控制、恢复控制等专家系统较易于实现，且前者是实现后者的基础。故以此作为专家系统在电力系统中应用的突破口，有利于累积知识工程师和领域专家合作的经验，为探索专家系统在电力系统运行中的进一步应用创造有利条件。

鉴于以上理由，这类专家系统的研制与开发近年来受到了国内高等学校、科研与生产部门的重视。例如华北电力学院与铁岭变电所于 1988 年开发了第一个变电所操作票专家系统，东南大学与安徽省电力工业局中心调度所也于 1990 年开发了第一个省级电网调度所的调度操作管理专家系统，并先后投入实际应用。

对于调度所、发电厂和变电所的操作票，由于它们在电力系统中所处地位的不同，决定了它们有各自的特点和要求，但就其核心内容来说则是共同的，即①根据操作任务与目的，正确决定各元件（电气设备）的操作序列；②在上述基础上，形成文件，即形成操作票与命令票。

下面结合东南大学与安徽省电力工业局中心调度所联合研制的调度操作管理专家系统 DOMES（Dispatching Operation Management Expert System）来介绍此类专家系统的构成和功能。通过介绍，了解如何正确选择知识表示、如何实现有效的推理，从而来了解这一类专家系统如何能得以实现。

2.3.1 DOMES 的问题表示

该系统所要解决的问题是电气倒闸操作序列的确定及其相应的管理（操作票和命令票的形成、打印、存取和管理）。它涉及下列 3 个子问题。

1. 一次操作

一次操作即电气主设备的操作。它主要包括下列基本操作：

①电力系统的解、并列操作；

②电力系统的解、合环操作；

③线路操作；

④电力变压器操作；

⑤母线倒闸操作；

⑥断路器操作；

⑦隔离开关操作；

⑧冲击合闸操作；

⑨零起升压操作。

上述任何操作都涉及电网中各电气设备的状态的转换。通常它们有运行、热备用、冷备用、检修 4 种可能的状态。

2. 二次操作

二次操作即继电保护与自动装置的操作。它包含了单纯的二次设备操作、二次操作与次操作之间的配合以及二次操作与一次操作之间的配合。

3. 计算工具的应用

当一次操作涉及网络结构发生变化时（如断开一条线路）或运行工况发生较大变化时，就需要进行潮流计算，以校核电力系统是否会发生过负荷或超过线路输送功率的稳定极限。

当操作涉及继电保护整定值需要重新调整时，就要根据需要进行若干简单的计算和校核。

基于以上的分类与分析，就可根据电网中的各类设备及其所处状态建立相应的事实（数据库），并根据运行规程、电气倒闸操作原理和规程以及运行人员的现场经验建立相应的规则，最终构成该专家系统的知识库。

2.3.2 DOMES 的功能及其构成

DOMES 根据其应用的特点与场合，选用了汉化的 Turbo-Prolog 语言编程，并在微机（IBM PC-286、Compaq-386 及其兼容机）上运行。

1. 功能

DOMES 的主要功能是可以形成设备的操作及其各种组合操作的操作票与命令票。这些设备有：线路、断路器、隔离开关、母线、旁路母线、旁路断路器、母线电压互感器。

它还能形成与上述一次设备操作相关的二次设备操作以及纯二次设备操作的操作票。

其他辅助功能，如打印、存取、设备状态校核和修改等，则是为完成上述功能而服务的。

2. 主要模块

它有下列主要模块。

①输入操作命令模块：由输入的操作命令构成操作表以反映需操作的设备及相应的状态转换。

②反误操作检测模块：由一系列反误操作规则构成，以检验所输入的操作命令的电气合法性，确保防止误操作。

③供电路径搜索与比较模块：根据操作要求，通过路径搜索以获得一条符合要求的由有关设备汇成的供电路径。进一步，通过操作前与操作后供电路径的比较来确定哪些设备需合上，哪些要打开。进一步，有一系列的操作规则来确定它们的操作次序。

④特征量生成 – 测试模块：按输入的操作命令，形成相应特征，通过推理各阶段对它的测试来保证得到正确结论，即形成正确的操作票。

⑤图形显示模块：是友好的人机接口的重要体现。它用来显示有关厂、站操作前后的电气主结线及相应的设备状态。

⑥组合操作及其优先级分析模块：提供各种复杂的组合操作的优先级，保证正确的操作次序。

⑦形成综合命令、形成命令票与操作票模块。

⑧修改、存取、打印模块。

⑨与二次操作有关的一系列模块。

2.3.3 DOMES 的实现

现在结合其主要功能模块来介绍与讨论DOMES 如何实现有效的知识表示和推理机制。

1. 知识库

知识库是专家系统的核心。它包括事实与规则两部分，或者说由它构成数据库与规则库。

（1）数据库

它用来存放专家系统运行过程中所需的初始信息和推理所得的中间信息。对一次操作，它必须有反映网络拓扑，厂、站主结线及各设备状态的信息。为此，系统对各设备的符号作了约定，建立了反映调度所管辖范围内网络拓扑数据库和反映各厂、站接线及设备状态的数据库。

①符号约定：

dl（n）：开关；　　kk（n）：闸刀；

mx（n）：母线；　　pdl（n）：旁路开关；

mdl（n）：母联开关；　　pmx（n）：旁路母线；

yb（n）：母线电压互感器；　　xt（n）：变压器；

sg（n）：发电机；　　xl（n）：线路。

式中 n 为相应设备的编号。同时以 0，1，2，3 分别表示设备的检修、冷备用、热备用和运行四种状态

②网络接线数据库：是公用的静态数据库。它反映了调度所管辖范围内电力网络的接线。对每一条线路均由谓词 lines 来表示。

例 lines（n，vl，a，b，c，…）

其中 n 为线路编号，vl 为线路的电压等级（500 kV，330 kV，220 kV，或 110 kV 等），a 为线路的名称，b 和 c 分别为该线路两端厂、站的名称。

③厂、站主接线数据库：对每一个厂、站建立一独立的数据库。由若干谓词来表示厂、站内主结线情况和设备的状态。主要谓词是 status。例如 status(stationname, dl〔2733〕, a, b, c，d，kk〔27331〕）。此谓词意指名为 stationname 的厂（站），2733 号开关与 27331 号闸刀邻接。而 a，b，c，d 则分别表示 2733 号开关的通常状态、记忆前一次状态，当前状态和过渡状态。它们可取值为 0，1，2，3 以表示前述的四种状态。

可写出一系列的 status 来完整地反映该厂、站主接线情况。该数据库是动态数据库，这表示 DOMES 可根据操作需要调用相应的厂、站主结线数据库。且设备的状态可根据操作要求，动态地修改。与每一个厂、站主结线数据库相应的有图形库，以供显示厂、站主结线之用。

④操作表：对于特定的操作，通过输入操作命令模块就形成一操作表。每一个操作由一个谓词 operate 表示。若有几个操作任务，则有相应数目的 operate 构成操作表。

谓词 operate 包含了下列元素：

operate（stationname，comp，a，b）

Stationname 是需操作设备所在的厂、站名、comp 是所需操作的设备名，a 表示 comp 操作前的状态，而 b 则为 comp 操作后的状态。

例 operate（stationname，dl〔2733〕，3，0）表示在 stationname 的 2733 号断路器要从运行转检修。

谓词 operate 完整地反映了一个特定操作任务的一切特征。对于不同的设备和不同的状态转换均有一定的规则。因此有了 operate 表就为得到正确的操作序列提供了依据。特征量的生成（即 operate 表的生成）是在输入操作命令模块中实现的，而在推理各阶段都需要对其测试，所以它是贯穿于 DOMES 运行流程的全过程。这就构成了特征量生成—测试模块。

（2）规则库

一个专家系统如果只有完善的事实而没有合理和有效的规则就无法进行推理，无法得到正确的结果。在 DOMES 的每一个模块都有相应的规则集，以确保该部分功能的实现。现就主要部分举例说明。

①反误操作检测模块的规则举例：反误操作检测模块是检验所输入操作命令的合法性。这包括输入操作设备是否合法——设备合法性，和输入操作内容是否合法——电气合法性现就检验其电气合法性，举例说明防止带负荷拉隔离开关的反误操作检测的规则。

规则原型

IF 要拉开隔离开关 n

AND IF 该隔离开关原在运行状态

AND IF 没有拉开与此隔离开关相关的断路器操作

THEN 属误操作，警告！提醒用户检查，原隔离开关操作假设无效。

用 Prolog 语言，以谓词 chk-oprt 来表示此规则。

```
chk-oprt（Stationname，kk（n），3，—）：—
frant-str（4，n，Nod1），/* 将隔离开关号转为相应的开关号 */
status（stationname，dl（Nod1），—，—，—，3，—，—），
/* 检查该断路器为运行状态 */
not（operate（stationname，dI（Nod1），3，—））
/* 检查没有该断路器的操作信息 */
bep，beep，beep，/* 烽鸣器提醒用户注意 */
write（“严禁带负荷拉隔离开关！！按任意键继续”）
/* 屏幕显示出错信息 */
read char（—），
retract（operate（stationname，kk（n），—，—））
/* 撤销原有拉隔离开关的操作信息 */
```

类似的，在此模块中，分别对断路器、隔离开关、母线等设备建立了一整套反误操作规则以保证操作命令的电气合法性。

②供电路径搜索与比较：从原理上讲，电气倒闸操作序列的决定是基于操作前后供电路径的变更，从而相应路径中电气设备按一定顺序操作以完成这一路径变更。为此，对操作前路径中的设备放在 old 表中，而操作后路径中的设备则放在 new 表中。通过新老路径

的比较，就可确定哪些设备需合上（放入 closed 表中），而哪些设备需打开（放入 open 表中）。

操作前后供电路径的获得（即 old 与 new 表的获得）是采用搜索的办法。根据本应用领域的特点，其搜索的入口（即初始节点）是相应厂、站的出线、发电机、变压器等，而以正副母线为其搜索的终点（即目标节点）。而厂、站主结线数据库、甚而电网接线数据库就是供电路径搜索的搜索空间。鉴于这一搜索空间是很小的，因此运用 prolog 语言的特点，实行深度优先的搜索策略是相当有效的。

③操作顺序与操作规则：得到了在 open 表与 closed 表中需拉、合的设备之后，进而需决定其操作顺序。这又由一系列的规则来决定。例如，有下面“拉”“合”优先级的规则：

“合”优先于“拉”；

开关具有最高的“拉”优先级，最低的“合”优先级；

近电源侧设备具有较高的“合”优先级，较低的“拉”优先级；等等。

在这一步，为了有效地选择规则进行推理，将线路、开关、母线等操作的规则以规则集的形式分类存放。如图 2-6 所示。

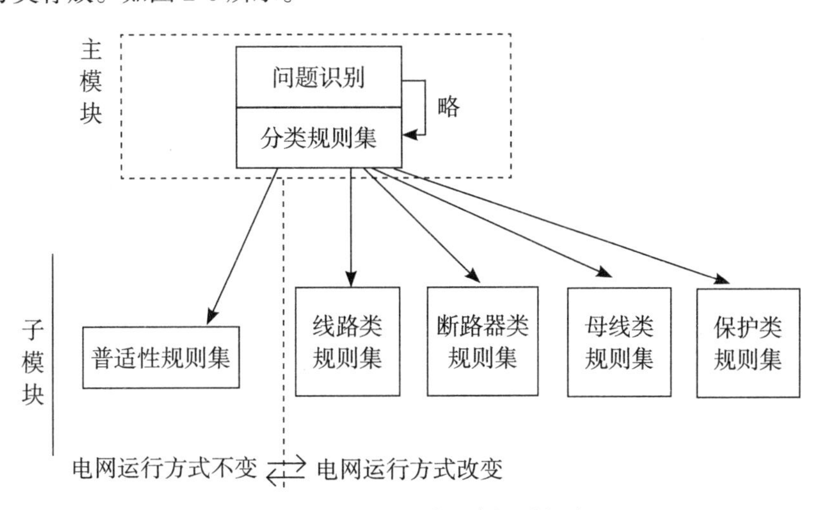

图 2–6　DOMES 的分类规则存贮

当涉及多项操作，也就是出现组合操作的情况时，就要通过优先级分析，并采取冲突仲裁策略来依次触发分类规则集中的规则。

上面只是介绍了若干主要的规则及其实现方法。而其他诸如命令的综合、命令票与操作票的形成、修改、存贮、打印等均按类似的思路形成规则，使 DOMES 的任务得以正确、顺利地完成。

2. 推理机制

结合 DOMES 专家系统的任务和 Prolog 语言的特点，本系统采用反向推理机制，即提出目标，然后寻求达到此目标的答案。其搜索方法则是采用启发式的深度优先策略。由于开操作票问题其搜索空间相对较小，加之 Prolog 语言固有的特点，因此其推理机制和搜索策略是相当有效的，且保证了快速性。

2.4 专家系统在电力系统故障诊断和处理中的应用

电力系统的故障，直接影响到国计民生。为保证电力生产的安全性，一旦系统发生故障，要求值班人员能正确、迅速地诊断和处理。

电力系统的故障诊断一般分发送电设备的故障诊断和电力网络的故障诊断两类。其基本内容通常包括故障检测——测定判断故障时所需的数据、信息；故障分析——根据故障信息，分析故障地点、性质和原因；故障处理根据故障分析结果，提出处理意见（报警、转移负荷、设备停运等）。

一方面，由于故障诊断是生产上一项经验性很强的工作，又往往缺乏数学模型，不易用常规软件来实现；另一方面，这些任务的原始数据又较易从测量、运行规程和运行人员的经验中获得，而且判断得出的结论数目或待定的原因有限，搜索空间相对较少，因此最宜用专家系统技术来实现。目前，故障诊断专家系统的研究正在大量进行。国外在这方面的研究数量几乎占正在开发的专家系统的一半，国内也有许多院校、生产单位在从事这方面的工作，如天津大学和潘家口水电厂联合开发的发电机励磁系统的功率晶闸管故障诊断专家系统；西安交通大学开发的变电所实时故障诊断专家系统，华北电力学院和东北电管局调度通信局联合开发的电网故障判断及调度处理专家系统；天津大学开发的 500 kV 变电所故障在线诊断和分析专家系统等。下面介绍其中的两个例子。

2.4.1 电网故障诊断和调度处理专家系统

20 世纪 80 年代以来，能量管理系统（FMS）和数据采集及监控系统（SCADA）在世界各国电网调度中心得到了广泛的应用。我国四大网（华东、华北、东北、华中）和各省市调度所也有应用，大大提高了电网的监控水平。但在电网发生大面积跳闸事故时，大量警报信号在短时间内蜂拥而至，往往使调度员误判、漏判，因而造成扩大事故或延长送电时间。为提高电网运行的可靠性，将专家系统应用于电网在线故障判断已成为研究的热门课题。

国外开发的这类专家系统，大都利用继电保护动作信号，根据保护范围的相交运算所得的交集来判断故障区域。但我国四大网的 EMS 和 SCADA 系统中保护信息并未接入，针对我国实际情况，华北电力学院和东北调度通信局合作开发了一个根据断路器跳闸信号在线判断故障元件和调度处理专家系统（ES）。对一些复杂故障，在开关跳闸信号得出的各种可能的故障元件基础上，用人机接口输入必要的保护动作信息，进一步确定故障元件，并以故障线路、故障变压器和故障母线三个表放在数据库里，然后由电网监视部分进行解列判断、给出故障恢复之前的电网状态调整措施，进而形成电网事故的调度处理意见。该专家系统用prolog语言编制，在VAX-785机上运行，既可在线运行，作实时故障判断和处理，也可离线运行做培训用。该系统经综合离线和在线模拟测试后目前正在试运行。

1. 总体结构

该 FS 的总体结构如图 2-7 所示。

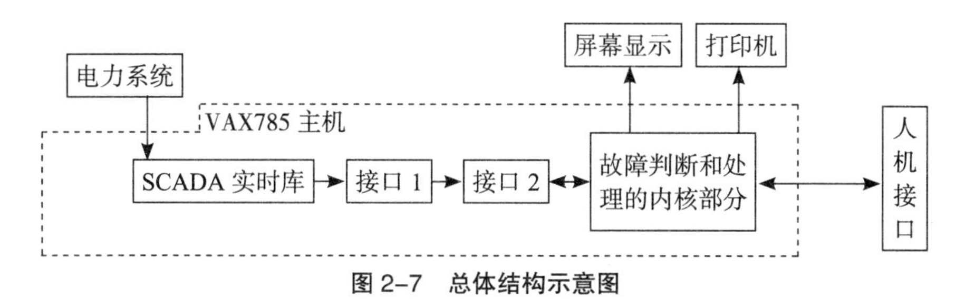

图 2–7　总体结构示意图

接口 1 完成对实时 SCADA 信息的检测、查询、获取电网故障信息，并将此信息送至接口 2，同时唤醒接口 2 的休眠状态。接口 2 将信息传入故障判断的内核部分。内核是控制整个系统的枢纽。人机接口是 ES 和用户的界面，它一方面使系统获得非自动实时信息，供判断复杂故障用，另一方面将系统的结果从屏幕或打印机输给调度员。

2. 故障判断部分的内核结构

该 ES 的内核主要由模块化知识库、过程式推理机、分层分区管理的数据库和简洁的解释机制组成如图 2-8 所示。

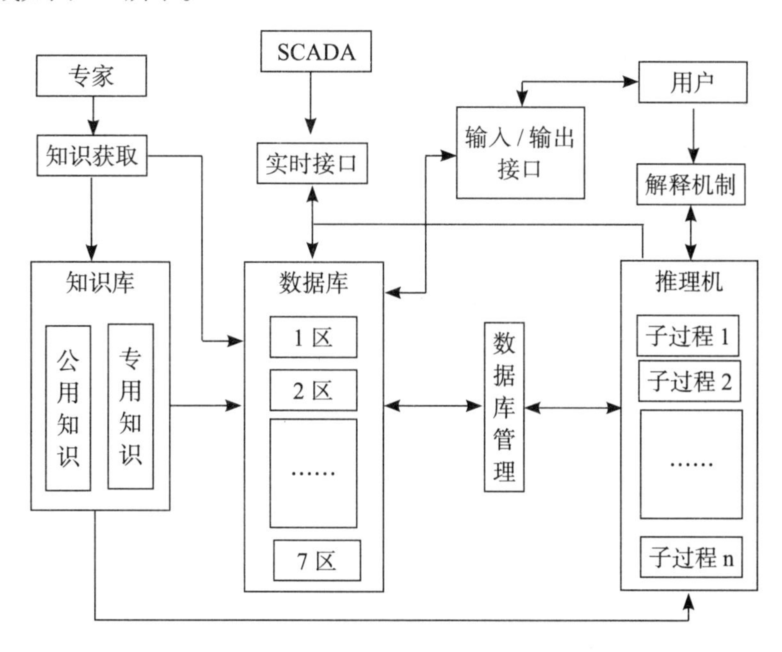

图 2–8　故障判断部分的内核结构

（1）数据库

数据库中存放电网故障判断所需的原始数据（如电网拓扑数据、故障信息、潮流信息等）和推理过程中得到的故障判断初步结果等。

电网拓扑数据采用框架表示法，具体实现是借助 prolog 的谓词来实现的。该 ES 分别用 wire（线路）、itr（联络变压器）、plant（发电厂）、sub（变电所）、end.sub（终端变电所）等框架来描述电网结构知识。这种表示方法维护方便、易于扩充、修改、透明度好。下面举例说明这种知识表示。

例 1：

线路框架名 wire

节点 1（线路一侧的厂站名，该侧断路器所属的厂站编号，断路器编号）

节点 2（线路另一侧的厂站名，该侧断路器所属厂站编号，断路器绵号）

线路热稳定电流（A）

线路长度（km）

线路型号

线路所属局名

例 2：

发电厂框架名 plant

发电厂名称

厂编号

母线组成表（[母线代号 1]，[母线代号 2]…）

母线所联开关表（[母线代号 1、相应此母线上所联开关编号]，[母线代号 2，相应此母线上所联开关编号]，……）

该厂机组表 gen[发电机编号 1，相应开关号，发电机容量]，gen[发电机编号 2，]…

自动装置表（1g[跳闸开关号]，[联切机相应的开关号]…）

可同期的开关表

发电厂所属局名

联络变压器，变电站等的框架和上述类似，此处从略。

数据库是 ES 的工作环境和数据、信息存储交换的区域。对一个大区电网的故障分析，数据和信息种类繁多，为提高运行效率，便于扩充、修改，该系统根据数据的功能和性质划分成实时信息区、历史信息区、网络拓扑区、中间结果存贮区、数据传递区等 7 区，并按信息存贮时间的长短划分成顶层（长期存贮的网络拓扑数据），次层（历史信息），第三层（实时信息，中间结果等）和超短期 4 层，以便分区使用，分层管理。

（2）知识库

存放故障判断中用到的专家经验、书本知识等。

该 ES 由反映与电网结构有密切关系的（如自动装置动作等）专用知识库和反映故障推理、判断等的公用知识库组成。后者较多地反映了调度运行经验。考虑到开发、修改、扩充及维护的方便，以及便于基于过程的推理机制的实现，知识库还采用了结构清晰的模块化结构形式。图 2-9 是公用知识库结构示意图。

该 FS 的知识均用产生式规则表示。

例如，为区分断路器抖动或运动通道干扰而产生的假信号，在断路器变位信号逻辑判断规则中有：

IF 线路断路器跳闸 AND 此线路的功率遥测值低于某设定的门槛值

THEN 确认此断路器跳开 ELSE 修正此遥信量

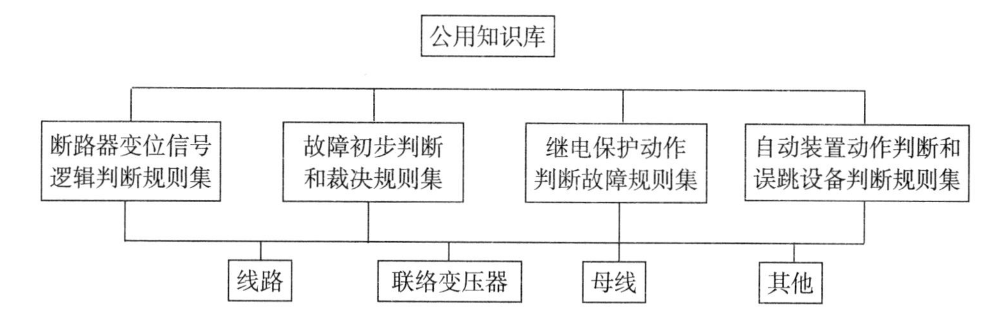

图 2–9　公用知识库结构示意图

故障判断规则分为简单故障判断集和复杂故障判断集。前者针对继电保护和断路器都为正确快速动作，故障影响的停电范围最小的故障，包括：线路，联络变压器和母线等几类故障的判断规则。后者包括针对继电保护或断路器拒动，造成故障影响范围扩大的故障判断规则。该规则集全面考虑了多种运行方式下的各种故障判断，并且采取模糊理论对各种情况进行排序比较，得到一个可信度由大到小的故障判断结果。由于现有的 SCADA 不能采集继电保护动作信息，因此该系统在得出多种判断结果时，在与 SCADA 实时接口的同时，设置了人机接口，接收人工输入的继电保护信息，最后确定故障元件。例如有规则：

IF　线路两侧断路器都跳开，THEN　此线路故障

IF　某母线上所联断路器全部跳开，THEN　此母线故障

又如自动装置规则集中存放各种自动装置动作的条件及结果，如

IF　× × 线路故障跳闸，THEN　快关 × × 厂 × 号机

这些规则集在程序中均用 cc- prolog 语言表示。如上述快关自动装置规则表示为

auto devices（‘× × 线’，shout door（‘× × 厂’‘XG’））

（3）推理机

利用知识库中的知识和数据库中的内容，按一定的推理方法和控制策略，获得问题的解答。

①控制策略：该 ES 主要采用以跳闸开关为数据驱动的正向推理，但也根据具体问题的特点，模仿人的思维过程，有些地方采取了反向推理和正反向混合推理的控制策略。一般线路故障搜索用正向推理，简单母线故障搜索用反向推理，而复杂母线故障搜索时，由于母线上所连开关数目很多，选择正向推理时，目的性不强，单纯用反向推理方法，又带

有很大的盲目性，故选用了正、反向混合推理方法，即以跳闸开关为条件，得到某一中间结果，再以其为假设结论，去核实条件是否满足。

在 cc-prolog 中，用产生式规则表示的推理策略为

rule（条件）：—结论成立； 正向推理策略

rule（结论）：—条件满足； 反向推理策略

rule1（条件 1）：—得到结论 1，rule（结论 1）

rule2（结论 1）：—条件 2 满足； 双向推理策略

②推理方法：对于确定性因素和结果的推理可采用精确推理的方法，如 IF 某设备跳闸 THEN 查询该设备的实时潮流值；但在复杂故障时，可能的结果很多，对于这类多结果的推理，需采用由模糊函数确定可信度的不精确推理方法。这种可信度在同一组规则中只是相对比较，其本身可能不具有实际意义，但可确定多个结论之间相对的可信度的大小。如假设某母线上所连 5 个开关全部跳开，同时相连的某条线路两侧开关也跳开，此时判断母线故障的可能性应比线路故障的可能性大，因为母差保护动作比较灵敏而可靠，并且母线故障引起其他线路过负荷跳闸对于目前我国电网的接近极限水平运行的特点是一致的，反之，线路故障引起母线开关全部跳开的可能性就较低些。因此该系统在故障元件的判断和分析时，采取了不精确推理方法。

③过程式推理机：调度员在故障判断时是按以下思路进行的：当开关信息传入 SCADA 时，首先根据设备潮流情况确认信息的正确性，再检测自动装置动作情况，区分是故障跳开关，还是自动装置跳开关，然后进行故障位置的判断。该 ES 完全模仿上述思维过程，形成基于过程的推理机结构，如图 2-10 所示。

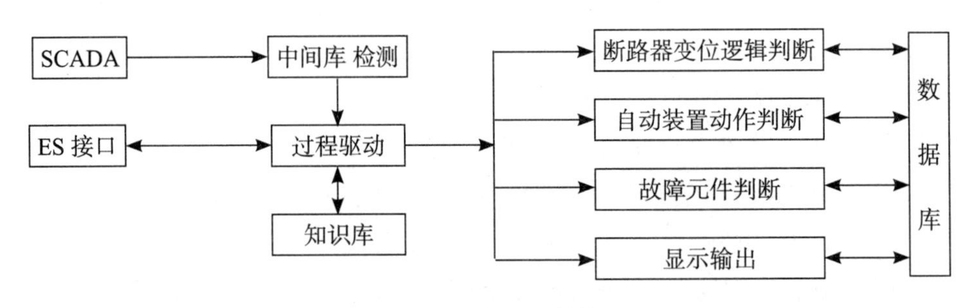

图 2–10 推理机结构

上述推理机可用 prolog 的自动匹配和回溯机制来实现。但由于 prolog 运行中，因回溯机制占用大量的变量线，跟踪线和控制线等大量系统资源，对这样大规模的电网实时故障判断会使系统发生崩溃，因此该系统采用了“强迫回溯”的方法，在获得问题的部分求解后，用数据库传递信息，并释放资源。为此，该系统推理的模型为

resfdsm：—brks_inf_check，fail /* 断路器变位信号逻辑判断 */

resfdsm：—eguipment_action，fail /* 自动装置动作判断 */

resfdsm：—fault_diagnosis，fail /* 故障元件判断 */

```
resfdsm：—display—results，！                    /* 显示结果 */
```

以故障元件判断子过程为例，根据电网设备故障发生概率的大小，形成深度优先故障判断搜索树。此子过程的推理是分级进行的。其各级子过程完成后，fail 对其强迫回溯，依靠子过程中设置恰当的 cut（！），剪掉无用的搜索树枝，可快速释放资源而进入下一个子过程。具体推理机为

```
fault-diagnosis：—linet，          /* 故障线路搜索 */
trant                              /* 故障联络变搜索 */
bus，fail                          /* 故障母线搜索，返回释放资源 */
fault-diagnosis：—!                /* 保障出口，不影响继续过程 */
```

linet 级推理过程又为：

```
linet：—simple_fault，             /* 简单线路故障搜索 */
complex_fault，fail.               /* 复杂线路故障搜索，并返回释放资源 */
linet：—!                          /* 保障出口，不影响 trant，bust 等后续过程 */
```

complex_fault 级推理过程为

```
complex_fault：—single_bus               /* 单母线侧断路器拒动 */
double_bus                               /* 双母线侧断路器拒动 */
other bus，fail                          /* 其他母线侧断路器拒动，返回 */
complex_fault：—!                        /* 保证出口 */
```

（4）解释机制

对系统运行的结果，作出简洁、明了的解释，有利于调度员的理解和信任，也增加了系统运行的透明度。

由于该 ES 是产生式系统，因此可在推理过程中将关键的引用规则进行记录，并和激活规则的条件一起，对运行结果用简明的显示和打印方式进行解释。

该系统采取 3 种解释形式：

①以引用的事实和证据作为解释的内容。如用查询实时潮流得到的数值来作为解释断路器变位信号真假的解释。

②以引用的规则作为解释的内容。如对一些线路二侧开关均跳开等简单故障及自动装置动作等可直接用判断故障的规则作为解释的理由。

③以引用的规则和事实综合后，分析出的关键原因作为解释的内容。如对一些复杂故障的判断则需将判断时使用的规则和依据的事实综合后，得出像“哪些开关是由于何种保护动作而跳开”等来解释。

3. 调度处理专家系统

调度处理的目的是在不破坏系统平衡的状况下，以最快的时间恢复供电。

该系统在前述故障判断基础上（以故障线路 L，故障变压器 M，故障母线 N 三个表，

放在数据库中），结合实时断路器信息及潮流信息，首先进行解列判断和给出故障恢复之前的电网状态及调整措施（如哪些开关、线路、联络变压器，厂站退出运行，主要厂站的出力情况），然后再给出电网故障恢复的调度处理意见，并以屏幕及打印方式输出，协助调度员处理事故。

故障恢复措施包括网络恢复和元件恢复两级措施。如果系统解列则先进行并网操作。恢复步骤见图 2-11。然后进行元件故障处理。具体顺序为：①隔离故障；②调整潮流；③充电或强迫恢复；④充电成功后的潮流调整及并环措施。

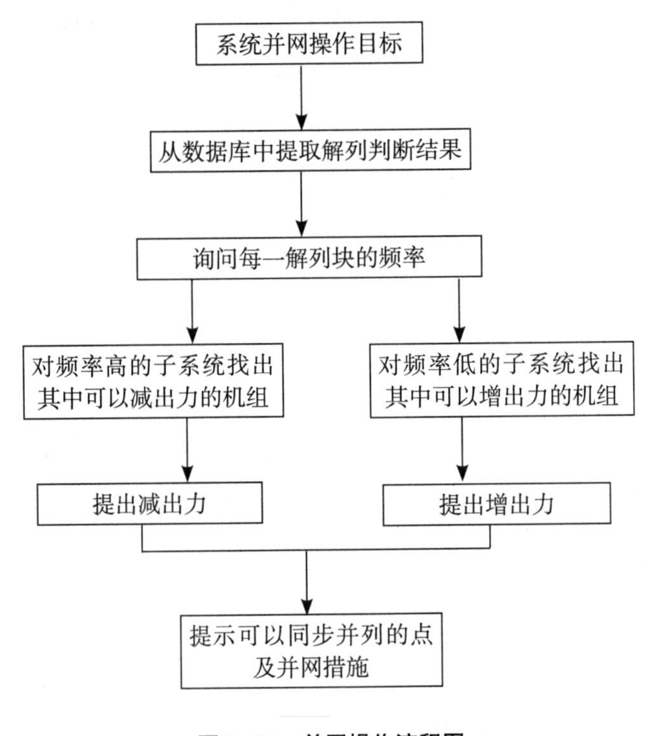

图 2-11 并网操作流程图

由于调度处理和故障判断是一个整体，因此数据库的结构和表示形式二者相同，这里不再介绍。知识库中专门存放调度处理知识。它们除一部分从调度规程中提取外，大多是从调度员长期运行中针对系统具体情况归纳总结而得。这些知识均以产生式规则形式表示。

例如

如果 BC 线潮流≤ x 值

则 AB 线可强送，强送侧在 A

如果 A 厂出力≤ x，B 厂出力≤ y，C 厂出力≥ z 时

则 AD 线可强送，强送侧为 A。

该 ES 的推理主要采用数据驱动的正向推理，即从已知报警信息和潮流信息出发，使用生式规则，让规则的前提和寻找的客体相匹配，直至达到故障处理的目标。

调度处理求解过程采用了深度优先搜索方法。为了避免深度优先搜索时可能会造成死

搜索的缺点，该系统采用了强迫回溯和 cut 的配合加以克服。

2.4.2 高压断路器故障分析专家系统

高压断路器部件多，结构复杂，动作频繁，造成故障的原因及类型就很多。因而要想准确、有效、快速地排除故障，就需检修人员具有丰富的经验。但与大量高压断路器数相比，断路器检修专家毕竟太少了，况且，随着国民经济的迅速发展，电力系统不断扩大，与此相应，高压断路器设备的数量与复杂程度也在增长，它远比维修专家增加的快。因此很有必要借助于专家系统来进行诊断并辅助断路器检修人员提高业务水平。为此华北电力学院用 Tubo- prolog 语言研制了一个高压断路器故障分析专家系统。该系统有 2 个子知识库，184 条规则，可诊断出 SW6-10 高压断路器常见的故障，并通过屏幕或打印机告之故障位置、原因及检修措施。程序采用人机对话的方式，并设置了主、子菜单，具有方便地修改功能。该系统还具有一定的通用性，只要更换知识库，不难建立其他设备的故障诊断型专家系统。

1. 总体结构

该系统的总体结构图如图 2-12。

（1）知识库

存放开关故障及检修的知识。针对 SW6-110 少油断路器常见的油泵建不起压力、油泵建压时间过长、油泵启动频繁、压力异常升高或降低、分或合闸不成功断路器误动等 12 种故障类型，相应设置了 12 个子知识库，分别贮存与 12 种故障类型相应的开关检修专家的经验知识。这些经验知识均以产生式规则的形式存贮，在 184 条规则中，有 100 多条为诊断规则，其余为检修规则。

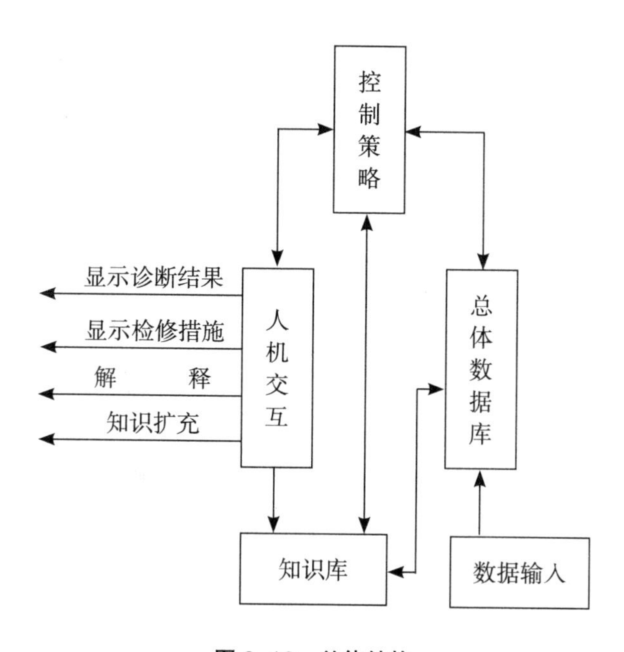

图 2–12　总体结构

（2）总体数据库

存贮Sw6-110高压断路器故障类型；开关发生故障时的可观察现象和某些必要的信息；诊断故障原因过程中用户输入的信息，如前提可信度，对各问题“肯定（Y）”，“否定（N）”或“不知道（U）”的回答等，以及中间推理结果。

（3）控制策略

该系统采用的是目标驱动的反向推理机制，并使用了不确定性推理技术。

（4）解释系统

为了增强该系统透明性，提高用户对它的可信度而设置。采用基于引用规则的解释。

2. 知识表示技术

该系统选择了产生式表示法即基于规则的知识表示法。

以SW6-110高压断路器所配CY3液压操作机构的建不起压力故障为例，造成这种故障的原因很多，其相应检修措施可用产生式表示为

rule1：如果 分合闸一、二级阀口密封不严，

那么 机构将建不起压力

rule2：如果 阀口有磨损或合闸一级阀小球托翻倒或分闸小球托翻倒，

那么 分、合闸一、二级阀口密封不严

rule3：如果 阀口有磨损

那么 请用研磨膏研磨阀口或用钢球硌一下阀口

这种表示方法不仅简洁、明确和人的思想相吻合，而且各个事实和各条规则之间是相互独立的，易于实现系统结构的模块化，进而有利于知识库的逐步修改、扩充，有利于实现解释机制。

为使计算机表示处理方便，规则在计算机中均用相应的助记符表示。这些助记符还分别与数字 n（n=1，2，…，n）相对应，推理机中用数字表示，使推理机结构简单、清晰。

系统通过人机对话方式，回答观察或监测的结果。如用逻辑值“肯定（Y）”“否定（N）”，“不知道（U）”及相应的可信度值。

3. 推理机制

该专家系统根据系统推理目标和搜索空间的形状（倒树形状），选择了目标驱动的反向推理方式，这是因为通常可以根据开关发生故障时可观察的现象来确定出故障类型。这种推理方式可避免因用正向推理而得到的许多和所要证实的结论无关的目标。

为了提高推理效率，系统还采用了局部择优搜索策略，通过估价函数，首先搜索SW6-110高压断路器常见的故障原因，然后再对不经常出现，但一旦出现就会使开关受到损害的故障原因进行搜索。

4. 不确定性推理

开关检修人员处理故障的经验知识常常是不精确的、不完备的、模糊的。大部分诊断系统均有这种情况。解决这类问题也正是专家系统的特长。该系统采用“基于模糊集理论”的不确定性推理方法。

对产生式系统，每条规则由前提与结论两部分组成，因而具有两种不确定性。

（1）关于前提的不确定性

检修人员检修开关时观察到的现象经常具有不同程度的不确定性，例如，在描述高压油从某一泄油孔渗油的严重程度时，可能很轻微，也可能特别严重，这便需要用一个数字表示其严重程度。除此之外，某些规则的前提就是通过不确定性推理得到的，因而更具有一定的不确定性。系统使用介于 0 与 1 之间的实数（称为系统前提可信度）来表示这种不确定性。例如其中“1”表示事实完全确定，“0”表示事实完全不确定，如无法确定该值，则取 0.5。这些数值由使用者根据经验确定。

当一个规则的前提不止一个，它们可能是“与”的关系，也可能是“或”的关系时，根据不确定性推理方法可确定出整个前提的总输入可信度。

前提是“或”的关系

IF E1 or E2…or En　THEN H（γ）

α=max（α1，α2，…，αn）

其中 α1，α2，…，αn 及 α 分别为前提 E1，E2，…，En 及整个前提的可信度，以下所用符号同此。

例如，诊断断路器“合闸不成功”之故障原因时，用到这样一条规则：

如果合闸电磁铁线圈断线 or 匝间短路 or 线圈接触不良，

则合闸回路故障。

若取三个前提的可信度分别为 0.9，0.0，0.6 则

α=max（α1，α2，α3）=max（0.9，0.0，0.6）=0.9

前提是“与”的关系

IF E1 or E2…or En　THEN H（γ）

其中 α=min（α1，α2，…，αn）

例如，如果断路器处于分闸状态 and 机构箱中发出类似喷雾声，则油泵将建不起压力。

当 α1，α2 分别为 1.0，0.8 则

α=min（α1，α2）=min（1.0，0.8）=0.8

（2）关于结论的不确定性

对于某一条规则，当前提完全满足时，结论并非 100% 成立，若称此情况下的结论可信度为规则可信度，则前提不确定时的结论可信度为该前提的可信度与规则可信度之乘积，即

IF E THEN H（ γ ）

CF= $\alpha \cdot \gamma$

其中 CF 为结论可信度， α 为总输入前提可信度， γ 为规则可信度。

例 如果储压筒活塞杆在正常停止位置，而压力仍继续下降

则储压筒焊缝处漏氮气

当取 α 为 09， γ 为 0.85 时，则

CF= $\alpha \cdot \gamma =0.9\times 0.85=0.77$

5. 解释系统

一个专家系统是否实用，是否能很好地被用户接受，要依赖于专家系统的解释系统来增强系统的透明性。为此，该系统采用了基于引用规则的解释系统，即根据调用的规则，作为解释的内容。该系统可对以下 4 个问题作出解释。

（1）怎样得出诊断结论？

（2）为什么提出这个问题？

（3）可用规则有哪些？

（4）舍去规则有哪些？

2.5　专家系统在电压无功控制中的应用

随着电力系统的发展，电压与无功控制在电力系统运行中的重要性越来越为人们所重视。电压与无功控制是采取一切控制手段来确保电力系统中各节点的电压与无功注入在安全约束范围之内。这种控制还分为两个方面：一方面是预防越限现象的产生，这属于预防控制的范畴；另一方面是在出现越限情况时，要迅速采取措施使系统恢复到正常运行状态。后者常称为校正控制。对于电压无功控制来说，这两个方面问题的本质和求解的方法是相同的，只是侧重点有所不同罢了。

早在 70 年代人们就应用线性规划法（LP 法）的数值求解成功地解决了这一问题，并且得到了实际的应用。它的主要步骤如下。

①建立线性增量模型。即建立因变量增量向量 DZ 和控制变量增量向量 DU 之间的线性灵敏度关系

$$[DZ]=[S][DU] \tag{2-1}$$

其中 $[DZ]=[DZ1，\cdots DZi\cdots]^{T}$　$i=1，2，\cdots，n$

n 为因变量数，

$[DU]=[DU1，\cdots DUi\cdots]^{T}$　$i=1，2，\cdots，m$

m 为控制变量数

[S] 为 $n \times m$ 维的线性灵敏度矩阵。

②建立线性的等式与不等式约束方程。其不等式约束方程是指因变量和控制变量均应在上、下约束限范围之内。

③建立目标函数。对于校正控制，其目标函数为：

$$\min F = \sum_{i=1}^{m} c_i \left| DU_i \right| \tag{2-2}$$

式中 c_i 代表第 i 个控制变量的权因子。式（2-2）要求控制变量偏移量的绝对值之和最小（当所有 c=1 时）。

通过以上步骤，就可化成线性规划法的标准形式，进而求得其解。

但是，仅仅应用这种数学求解的方法尚存在许多缺陷。电压无功控制的控制手段主要是调节发电机电压，无功补偿装置（并联电容或并联电抗）以及改变变压器分接头。它们大多数是离散变量，而线性规划法求解时均作为连续变量处理。此外，作为电压 - 无功控制的控制器有的是快速动作的，而有的则是慢速的，且由于设备的状态决定了动用控制设备的优先权也不同，它是根据不同的电力系统而有不同的情况。凡此种种，数学模型和求解方法不能准确和完整的表达出来，因而它所获得的结果往往不能满足实际的要求。而这领域中，专家和运行人员的经验、判断和决策是至关重要的。

正由于上述原因，将专家系统方法应用于这样一个领域有着极好的前景，并为各国专家所重视。美国华盛顿大学的 CC.LIU 教授首先成功地开发了实用化的专家系统 VCES（Voltage Control Expert System）。在国内，华北电力学院、上海交通大学、东南大学等高校相继研制和开发了用于电压无功控制专家系统的原型，为今后的实际应用奠定了基础。

2.5.1 电压 – 无功控制专家系统的构成和实现

1. 电力系统模型与线性灵敏度近似

由于电力系统的解耦特点，即有功功率的注入主要与节点电压的相角有关，而无功功率的注入主要与节点电压值有关，因此无功控制与有功控制可分为两个相对独立的子问题处理。同时，假定各节点电压值近似为 1，电压角为零，且假定线路为无损耗（$r \approx 0$），可得以下众所周知的公式

$$dQ/V=B'' \, dV \tag{2-3}$$

将向量 dQ 和 dV 分别分解为 dQ_1/V_1、dQ_2/V_2 和 dV_1、dV_2 两部分。其中 dQ_1/V_1 和 dV_1 对应于 PV 节点的量，而 dQ_2/V_2 和 dV_2 则对应于 PQ 节点。

令所有发电机节点作为 PV 节点考虑（包括平衡节点），而所有负荷节点作为 PQ 节点处理。此外，再将有载调压变压器分接头向量 dT 作为控制向量引入，则式（2-3）可变成式（2-4）

$$\begin{bmatrix} \mathrm{d}Q_1/V_1 \\ \mathrm{d}Q_2/V_2 \end{bmatrix} = \begin{bmatrix} B_{11} & B_{12} & M_1 \\ B_{21} & B_{22} & M_2 \end{bmatrix} \begin{bmatrix} \mathrm{d}V_1 \\ \mathrm{d}V_2 \\ \mathrm{d}T \end{bmatrix} \tag{2-4}$$

式（2-3）中 B " 是网络导纳矩阵的虚部，而式（2-4）中，B_{11}，B_{12}，B_{21}，B_{22} 是 B " 的子矩阵，M_1 与 M_2 则是 $\mathrm{d}T$ 对应于 $\mathrm{d}Q_1/V_1$ 和 $\mathrm{d}Q_2/V_2$ 的灵敏度。

在电压无功控制中其控制措施已如前面所述，所以这里选 $\mathrm{d}V_1$、$\mathrm{d}Q_2/V_2$ 和 $\mathrm{d}T$ 作为控制变量向量，而 $dQ_1/V1$ 和 dV_2 则为因变量向量。据此，就可得式（2-1）的形式。其中

$$\begin{aligned} [DZ] &= [\mathrm{d}Q_1/V_1,\ \mathrm{d}V_2]^T \\ [DU] &= [\mathrm{d}V_1,\ \mathrm{d}Q_2/V_2,\ \mathrm{d}T]^T \end{aligned} \tag{2-5}$$

灵敏度矩阵 S 有如下形式

$$[S] = \begin{bmatrix} S_{11} & S_{12} & S_{13} \\ S_{21} & S_{22} & S_{23} \end{bmatrix} \tag{2-6}$$

其中

$$\left.\begin{aligned} S_{11} &= B_{11} - B_{12}B_{22}^{-1}B_{21} \\ S_{12} &= B_{12}B_{22}^{-1} \\ S_{13} &= M_1 - B_{12}B_{22}^{-1}M_2 \\ S_{21} &= -B_{22}^{-1}B_{21} = -S_{12}^T \\ S_{22} &= B_{22}^{-1} \\ S_{23} &= -B_{22}^{-1}M_2 \end{aligned}\right\} \tag{2-7}$$

由于采用了网络的线性增量模式，因而灵敏度矩阵是一个常系数矩阵，它可以一次计算形成并存贮在专家系统的工作数据库中以备使用。这一灵敏度矩阵还有以下特点：

①它可以由 PQ 分解法潮流计算中的第二张因子表（B_{22}^{-1}）方便地获得。

②虽然理论上讲 S 是满矩阵，但其中有很大一部分灵敏度元素值很小，因此可采取当 $S_{ij} < \varepsilon$(某一阈值)时，取 S_{ij}=0，从而 S 构成一稀疏阵。

③ S_{11}、S_{12}、S_{21}、S_{22} 有足够的线性近似性，而 S_{13}、S_{23} 由于 $\mathrm{d}T$ 与 $\mathrm{d}Q_1/V_1$、$\mathrm{d}V_2$ 间有较大的非线性关系，所以其近似性较差。

④进一步分析 S 可看出：① S_{22} 均为正值，有对角元优势，这意味着在任一负荷节点 i 注入一无功增量 ΔQ_i（电容补偿，$\Delta Q_i > 0$）则将引起所有负荷节点电压的升高。即 $\Delta T_j > 0$，j=1，2，…，n。且有 $\Delta T_i > \Delta T_j$（$j \neq i$）。反之（$\Delta Q_i < 0$，并联电抗或甩负荷）$\Delta T_j < 0$。② S_{21} 也均为正值，这表示提高发电机电压 $\Delta T_G > 0$，则所有负荷节点电压将提高，$\Delta T_j > 0$，j=1，2，…，n。反之亦然。③此外，S_{23} 有其特有的特点。若提高分接头位置，即 $\Delta T_i > 0$，那么其一侧电压提高，$\Delta T_i > 0$；而另一侧电压降低，$\Delta T_j < 0$。

2. 专家系统的构成与实现

和一般的专家系统一样，电压 – 无功控制专家系统其总体构成包括工作数据库、知识库、推理机和人机接口。现分别给以讨论。

（1）工作数据库

它用来反映电力系统运行的当前状态，无功控制器的情况，记录专家系统工作（推理）过程中所得的中间结果。具体来说有：

①节点数据。它包括：

节点名称；

节点类型；

节点位置；

节点电压值；

节点电压的上、下限等。

②无功控制器数据。它包括：

控制器名称。

类别：无功补偿器、发电机电压或变压器分接头上、下限值。

补偿或调整量：因为对于无功补偿器和分接头位置，它们是离散变量，因此要明确其每一次调整量。而发电机电压是连续变量，为使专家系统求解方便，可作离散化处理。

③越限节点的数据。它包括：

限节点名称；

越限类型；是电压还是发电机无功，是越上限还是越下限；

与目标值的偏差；

某个控制变量对越限节点的灵敏度；

该控制器的名称；

该控制器能调节的最大范围；

该控制器的优先级；

……

显然，这一类数据结构是属于专家系统推理过程中所记录的中间结果。

对于数据库的程序实现，则视采用语言工具的不同而稍有不同。例如 C.C.Liu 研制的 VCES 采用 OPS83，所以采用“元素”的数据结构；又如用 C 语言，则可采用“结构”来实现。

（2）知识库

一个专家系统质量的好坏其关键部分是它的知识库。对于电压 – 无功控制专家系统，有以下一些经验知识（或称经验规则）。

①如果负荷节点电压低于（或高于）运行约束限，那么一系列控制措施，如并联电容

器、可调变压器和发电机可以被投、切或调节以恢复电压。

②如果负荷节点电压低于（或高于）运行约束限，那么选择灵敏度最高的无功补偿器（一般是当地的、就近的无功补偿器）是最有效的方法；如果它不足以解决电压问题，那么可以选下一个具有次高灵敏度的补偿器。

③如果负荷节点电压偏低（偏高）可通过升高（降低）变压器分接头位置来校正；然而，升高（降低）分接头位置会引起其他负荷节点电压的下降（升高）。

④如果负荷节点电压偏低（偏高）可采用升高（降低）发电机节点电压的方法来解决。

⑤如果负荷节点电压偏低（偏高）可采用投入（切除）电容器组的方法来解决。

这些经验性知识是调度运行人员所具有的，而且在上述灵敏度模型以及对灵敏度元素的分析中得以确证。

除了上面 5 条经验知识外，为了实现有效的电压控制，可以把电力系统的运行工况进行分类。不同的工况，采取不同的对策。令 S=0，1，2 代表不同的工况。

S=0，即所有节点电压均满足运行约束限，属于正常运行工况，可不必采取措施。

S=1，少量的节点电压（例如 5 个节点以下）破坏了其运行约束限，这是一般的紧急情况。

S=2，有多于 5 个节点的电压破坏了其运行约束限，或至少一个节点的电压超过紧急约束限（例如，正常的约束限为 0.95 ~ 1.05 VN，而紧急约束限为 0.90 ~ 1.10 VN）。这种情况就是严重的情况。

上面这种分类是 VCES 所采用的。当然针对不同的电力系统情况也可采用不同的分类方法，其目的是为了有效地选用求解方法，尽快得出对策。

根据上面的经验性知识和电力系统运行工况分类的知识，采用产生式表示法建立规则就构成了电压无功控制专家系统的规则库。

可以把规则库中的规则按任务（Tasks）分成若干子库。为了完成每一个任务，只需搜索相应的子规则库，从而提高了求解效率。以 VCES 为例，它分成 5 个子任务，各子任务的目的及相应的主要规则列出如下：

TK1 任务 1。它是将越限问题分类。主要规则有如下几条

rule1.1 IF 某负荷节点电压低于（高于）电压限值

THEN 识别该节点电压为偏低（偏高）

rule1.2 IF 有问题节点电压已处于限值内

THEN 该节点电压不再有问题

rule1.3 IF 所有节点电压都在限值内

THEN 电力系统已无电压问题

rule1.4 IF 已检测出所有电压问题的节点

TFEN 确定电压问题的严重性

TK2 任务 2。用于选择控制器

rule2.1 IF 检测出有电压问题 AND 未识别出（未选择好）有问题节点的控制措施

THEN 识别（选择）该有问题节点的控制措施

TK3 任务 3。用来针对某有问题节点，找出控制措施的优先次序

rule3.1 IF 已选出对某有问题节点的控制措施

THEN 按其灵敏度大小的顺序将控制措施排序

TK4 任务 4。根据经验规则来确定控制措施

rule4.1 IF 对某有问题节点，其控制措施已排好序

THEN 选用最灵敏的控制。

rule4.2 IF 已找到解决某节点电压问题的控制措施

THEN 按电力系统模型和灵敏度关系，计算该控制器能调节的最大偏移

rule4.3 IF 控制器能进行必要的控制

THEN 实现这种控制（补偿）

rule4.4 IF 选择的控制补偿器未能达到其调节能力的限值 AND 其补偿不足以校正电压越限

THEN 将该补偿器调到其限值

TK5 任务 5。用于估计控制效果

rule5.1 IF 选出了某有问题节点的控制补偿器

THEN 估计施加该控制措施后对所有有问题节点的效果

rule5.2 IF 所有有问题节点的估计电压值都在限值内

THEN 用潮流计算程序验证所选用的控制

rule5.3 IF 不是所有有问题节点的估计电压值都在限值内

THEN 继续选用下一个可用的控制措施。

上面列出的只是 VCES5 个任务的主要规则。

（3）推理机制和专家系统的运行

这一类专家系统采用的是正向推理，由数据推得结论，即由电力系统的运行工况、电压和无功越限的情况找出恢复正常状态的对策。对于 VCES，它是按 5 个子任务顺次进行在实现每个子任务时搜索相应的子规则库，并按下面 3 步进行：

①模式匹配。就是将工作数据库中的数据（系统运行状态等）与已有规则的前提部分进行比较、匹配，并将所有适合条件的规则列出，构成冲突规则集。

②冲突解决。按照专家系统所采用的冲突解决策略，从冲突规则集中选出一条最适用的规则。

③动作。即启动选出的规则，执行它的结论部分规则的启动与动作将改变工作数据库中的数据（即改变电力系统的状态）。然后进入下一轮模式匹配—冲突解决—动作。这种循环往复进行，直到越限问题最终解决为止。

2.5.2 测试与评估

对已开发的电压－无功控制专家系统，最后要进行性能测试和评估。

性能的测试主要是两个方面：一是知识的准确性和完整性；二是它的速度和求解准确率。

对于知识的准确性和完整性，电压－无功控制专家系统是选用一个样本网络（例如IEEE-30 和 IEEE-118 样本网络）或一个实际的电力系统，模拟该网络的各种运行工况，然后由专家系统来求解，看其所得的结论是否正确和合理，即能否正确、合理地校正电压。通常可以用潮流计算程序来校核，还可以用电压－无功控制的常规算法——线性规划法所得的结果与之比较。

对于求解速度和求解效率问题，要分析专家系统的运行。它的运行，大量时间用在模式匹配、冲突解决、启动规则和修改工作数据库。这就需要缩短每一单元（匹配、冲突解决、启动、修改）的作用时间，构成合理的数据结构和规则集。另外，选择好的语言工具合理的编程起着重要的作用。实践表明选择 OPS83 的工具语言和 C 语言是一个好的方案，VCES 所选择的就是 OPS83。而一个好的编程（即合理的数据结构与合理的规则集）比之于差的编程，其处理速度可相差 30 余倍。这说明程序的质量起着相当重要的作用。这里不再做进一步讨论。

2.5.3 电压－无功控制专家系统有关问题的讨论

①为了提高电压－无功控制方法的有效性、鲁棒性和快速性，可以将专家系统方法和数值求解的方法有机的融合在一起。如图 2-13 就是一个具有第二代专家系统特征的电压－无功校正控制专家系统。它是一个具有两层结构的分级递阶式系统。

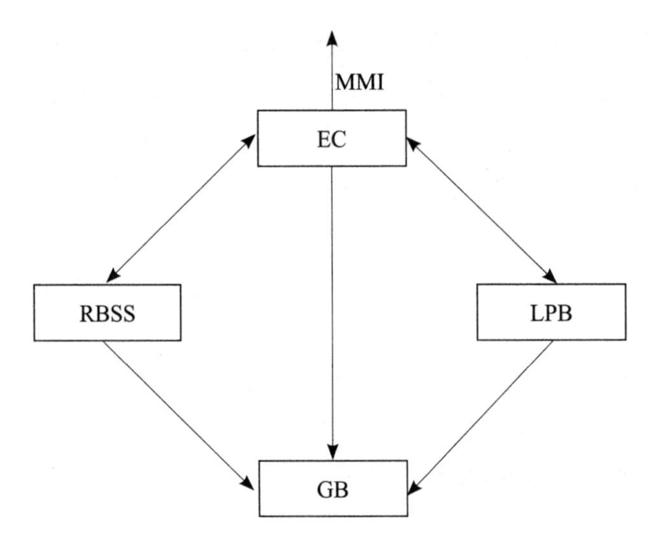

图 2–13　电压－无功校正控制专家系统

上层的子系统称为专家协调器（Expert Coordinator，EC）。下层有两个子系统，一个是作为浅层求解器的、基于规则的子系统（Rule- Based Subsystem，RBSS），另一个是作为深层求解器的、线性规划计算模块（Linear Programming Block，LPB）。它们都与全局数据库（GB）相联系。

专家协调器 EC 实际上也是一个基于规则的系统，它用来指导和协调 RBSS 和 LPB 进行问题求解。采用什么样的协调规则，这对于系统的性能有直接的影响，是值得进行各种尝试的。例如按越限的严重情况分别采用 RBSS 或 LPB，又如若采用 RBSS 得不到解（出现解的振荡）则选用 LPB 求解，等。

RBSS 就是基于灵敏度模型和经验规则的无功 – 电压控制专家系统。而 LPB 就是线性规划法。EC 和 RBSS 都可用 OPS83 或 C 语言来实现，而数值计算的 LPB 可用 FORTRAN 进行编程。这里尚需解决两种语言的接口。

②对于大型电力系统，上面讨论的电压 – 无功控制专家系统常常不能适应其分散控制的需要。所以立足于分散控制专家系统的研究得到人们的关注。一种有效的办法就是根据灵敏度关系将大型电力系统分解为若干子系统，然后依次对各子系统结合上面的方法求得各子系统的控制措施，最后经过协调得最终解。

把大系统分解成子系统可以采用解耦群集算法来进行。其中心思想是按灵敏度关系、以各越限节点为中心进行聚类，构成若干子系统。实践说明，这种集聚算法（Clustering algorithm）是有效的。

③上面所讨论的专家系统，都是基于线性灵敏度模型基础上的，也即认为其运行工况离正常运行工况不远，因此此法是有效的。但这样一个专家系统对于运行工况有很大偏离时，即对防止电压崩溃是无能为力的。因为当运行工况严重、节点电压接近电压稳定极限时，其灵敏度值将改变符号。预防电压崩溃是极其重要的，因此研究防止电压崩溃的专家系统得到了人们的重视，并已有了研制这类专家系统的报道和成果。

第 3 章 遗传算法在电气自动化行业中的应用

遗传算法是模仿自然界生物进化机制发展起来的随机全局搜索和优化方法，它借鉴了达尔文的进化论和孟德尔的遗传学说。其本质是一种高效、并行、全局搜索的方法，它能在搜索过程中自动获取和积累有关搜索空间的知识，并自适应地控制搜索过程以求得最优解。遗传算法操作使用适者生存的原则，在潜在的解决方案种群中逐次产生一个近似最优的方案。在遗传算法的每一代中，根据个体在问题域中的适应度值和从自然遗传学中借鉴来的再造方法进行个体选择，产生一个新的近似解。这个过程导致种群中个体的进化，得到的新个体比原个体更能适应环境，就像自然界中的改造一样。

遗传算法（Genetic Algorithm，GA）起源于对生物系统所进行的计算机模拟研究。美国 Michigan 大学的 Holland 教授及其学生受到生物模拟技术的启发，创造出一种基于生物遗传和进化机制的、适合于复杂系统优化的自适应概率优化技术——遗传算法。1967 年，Holland 的学生 Bagley 在其博士论文中首次提出了“遗传算法”一词，他发展了复制、交叉、变异、显性、倒位等遗传算子，在个体编码上使用双倍体的编码方法。Holland 教授用遗传算法的思想对自然和人工自适应系统进行了研究，提出了遗传算法的基本定理——模式定理（Schema Theorem），并于 1975 年出版了第一本系统论述遗传算法和人工自适应系统的专著 Adaptation in Natural and Artificial Systems。20 世纪 80 年代，Holland 教授实现了第一个基于遗传算法的机器学习系统，开创了遗传算法的机器学习的新概念。

从遗传算法的整个发展过程来看，20 世纪 70 年代是兴起阶段，20 世纪 80 年代是发展阶段，20 世纪 90 年代是高潮阶段。遗传算法作为一种实用、高效、鲁棒性强的优化技术，发展极为迅速，已引起国内外学者的高度重视。

3.1 遗传算法的概念与特征

遗传算法是一种借鉴生物界自然选择（Natural Selection）和自然遗传机制的随机搜索算法（Random Searching Algorithms）。它与传统的算法不同，大多数古典的优化算法基于一个单一的度量函数（评估函数）的梯度或较高次统计，以产生一个确定性的试验解序列；遗传算法不依赖于梯度信息，而是通过模拟自然进化过程来搜索最优解（Optimal Solution），它利用某种编码技术，作用于称为染色体的数字串，模拟由这些串组成的群体的进化过程。遗传算法通过有组织的、随机的信息交换来重新组合那些适应性好的串，生成新的串的群体。

3.1.1 遗传算法的优点

遗传算法具有以下优点。

①对可行解表示的广泛性。遗传算法的处理对象不是参数本身，而是针对那些通过参数集进行编码得到的基因个体。此编码操作使得遗传算法可以直接对结构对象进行操作。所谓结构对象，泛指集合、序列、矩阵、树、图、链和表等各种一维或二维甚至多维结构形式的对象。这一特点使得遗传算法具有广泛的应用领域。比如：通过对连接矩阵的操作，遗传算法可用来对神经网络或自动机的结构或参数加以优化；通过对集合的操作，遗传算法可实现对规则集合和知识库的精练，从而达到高质量的机器学习目的；通过对树结构的操作，遗传算法可得到用于分类的最佳决策树；通过对任务序列的操作，遗传算法可用于任务规划，而通过对操作序列的处理，可自动构造顺序控制系统。

②群体搜索特性。许多传统的搜索方法都是单点搜索，这种点对点的搜索方法，对于多峰分布的搜索空间常常会陷于局部的某个单峰的极值点。相反，遗传算法采用的是同时处理群体中多个个体的方法，即同时对搜索空间中的多个解进行评估。这一特点使得遗传算法具有较好的全局搜索性能，也使得遗传算法本身易于并行化。

③不需要辅助信息。遗传算法仅用适应度函数的数值来评估基因个体，并在此基础上进行遗传操作。更重要的是，遗传算法的适应度函数不仅不受连续可微的约束，而且其定义域可以任意设定。对适应度函数的唯一要求是，编码必须与可行解空间对应，不能有死码。限制条件的缩小，使得遗传算法的应用范围大大扩展。

④内在启发式随机搜索特性。遗传算法不是采用确定性规则，而是采用概率的变迁规则来指导它的搜索方向。概率仅仅是作为一种工具来引导其搜索过程朝着搜索空间的更优化的解区域移动的。虽然看起来它是一种盲目搜索方法，但实际上它有明确的搜索方向，具有内在的并行搜索机制。

⑤遗传算法在搜索过程中不容易陷入局部最优，即使在所定义的适应度函数是不连续的、非规则的或有噪声的情况下，也能以很大的概率找到全局最优解。

⑥遗传算法采用自然进化机制来表现复杂的现象，能够快速、可靠地解决求解非常困难的问题。

⑦遗传算法具有固有的并行性和并行计算的能力。

⑧遗传算法具有可扩展性，易于同别的技术混合使用。

应重点注意的是，遗传算法对给定问题给出了大量可能的解答，并挑选最终的解答给用户。要是一个特定问题并没有单个的解，例如 Pareto 最优解系列中，就像多目标优化和日程安排的案例中，遗传算法将尽可能地用于识别可同时替换的解。

3.1.2 遗传算法的不足之处

遗传算法作为一种优化方法，它存在自身的局限性。

①编码不规范及编码存在表示的不准确性。

②单一的遗传算法编码不能全面地将优化问题的约束表示出来。考虑约束的一个方法就是对不可行解采用阈值，这样，计算的时间必然增加。

③遗传算法通常的效率比其他传统的优化方法低。

④遗传算法容易出现过早收敛。

⑤遗传算法对算法的精度、可信度、计算复杂性等方面，还没有有效的定量分析方法。

3.1.3 基于遗传算法的应用

遗传算法提供了一种求解复杂系统优化问题的通用框架，它不依赖于问题具体的领域，对问题的种类有很强的鲁棒性，所以广泛应用于许多学科。近十年来，遗传算法得到了迅速发展。目前，遗传算法在生物技术和生物学、化学和化学工程、计算机辅助设计、物理学和数据分析、动态处理、建模与模拟、医学与医学工程、微电子学、模式识别、人工智能、生产调度、机器人学、开矿工程、电信学、售货服务系统等领域都得到了应用，成为求解全局优化问题的有力工具之一。下面列出遗传算法一些主要的应用领域。

（1）函数优化

函数优化（Function Optimization）是遗传算法的经典应用领域，也是对遗传算法进行性能评价的常用算例。可以用各种各样的函数来验证遗传算法的性能。对一些非线性、多模型、多目标的函数优化问题，使用遗传算法可得到较好的结果。

（2）组合优化

随着问题规模的增大，组合优化问题的搜索空间也急剧扩大，有时在目前的计算机上用枚举法很难甚至不能求出问题的最优解。对于这类问题，人们已经意识到应把主要精力放在寻求其满意解上，而遗传算法就是寻求这种满意解的最佳工具之一。实践证明，遗传算法对于组合优化中的 NP 完全问题非常有效。

（3）生产调度问题

采用遗传算法能够解决复杂的生产调度问题。在单件生产车间调度、流水线生产车间调度、生产规划、任务分配等方面，遗传算法都得到了有效的应用。

（4）自动控制

在自动控制领域中，有很多与优化相关的问题需要求解，遗传算法已经在其中得到了初步应用，并显示出了良好的效果。例如，基于遗传算法的模糊控制器优化设计、用遗传算法进行航空控制系统的优化、使用遗传算法设计空间交会控制器等。

3.2　电力系统无功优化的数学模型

在交流电能的输送和使用过程中，用于转换成机械能、热能、光能等的那部分电能能量称为有功功率，用于电路内电场与磁场交换的那部分电能能量称为无功功率。虽然无功功率不消耗功率（即对外不做功），但无功功率是用来建立和维持磁场、完成电磁能量的相互转换，从而完成电力系统能量传输的必要条件。长期以来，人们根据电力系统的特性，一般将无功功率与电力系统的电压特性和电压稳定性联系在一起。事实上，无功功率还对电力系统的经济运行和功角稳定具有重要影响。有功功率电网损耗不超过负荷的 10%，而无功功率的电网损耗却占无功负荷的 30% ~ 50%。无功功率总损耗要比有功功率总损耗大 3 ~ 5 倍。深入研究无功功率对电力系统运行的影响具有重要意义。

3.2.1 电力系统无功优化的目的和意义

电力系统中的无功需求主要是异步电动机的无功负荷、变压器和线路的无功损耗，无功电源则由发电机及无功调节补偿装置（如同步调相机、静电电容器、电力电抗器以及静止补偿器等）提供。异步电动机在电力系统无功负荷中所占比重很大，其功率因数为 0.6 ~ 0.8。变压器的无功损耗在系统无功需求中占有相当大的比重，一般达到其额定容量的 6% ~ 17%。线路电抗消耗的无功功率与运行电压等级和状态有关，35 kV 及以下架空线路的充电功率甚小，且总是消耗无功功率。110 kV 及以上架空线路当输送功率较大时，电抗中消耗的无功功率大于其电纳中产生的无功功率而成为无功负载；当输送功率较小时，电抗中消耗的无功功率小于电纳中产生的无功功率，则线路成为无功电源。无功功率本身虽然不消耗能量，但是无功功率的传输却造成电压波动，引起有功损耗，当系统无功功率不足时将产生电压水平下降、有功功率损耗增加的恶果。

由电压损耗公式 $\Delta U=\dfrac{PR+QX}{U}$ 可知，在电网阻抗（$R+jX$）和电压 U 确定的情况下，电压损耗 ΔU 与输送的有功功率 P 和无功功率 Q 成比例关系。而在输电线路参数 $R\leqslant X$ 的情况下，电压损耗主要与输送无功功率的数值有关。当电力系统有能力向负荷供给足够的无功功率时，负荷的端电压就能够保持正常的电压水平。如果无功电源容量不足，负荷的端电压就会降低。为此，要求电力系统必须有足够的无功电源容量（包括应有的无功电源备用容量），否则，应增加必要的无功补偿设备，例如，无功补偿电容器，以保证电力系统的无功功率平衡。

但是，根据功率损耗公式 $\Delta P=\dfrac{(P^2+Q^2)\ R}{U^2}$，当有功功率 P 和无功功率 Q 通过网络电阻 U 时，都会产生有功功率损耗 ΔP。一方面，当输送容量 P^2+Q^2 和电压 U 一定时，功率

损耗 ΔP 与网络电阻 R 成正比，即网络电阻 R 越大，功率损耗 ΔP 越大；反之，电阻 R 越少，功率损耗 ΔP 也越小。另一方面，当输送的有功功率 P 一定时，输送的无功功率 Q 越多，有功功率损耗 ΔP 就越大；反之，当输送的无功功率 Q 越少，有功功率损耗 ΔP 就越小。显而易见，当网络结构一定，输送的有功功率和电压也一定时，有功功率损耗完全取决于所输送的无功功率的数值。也就是说，在电力系统中输送无功功率的大小对线损有重要的影响。

线损率是衡量电力系统建设和完善化以及运行管理水平高低的一项综合性的技术经济指标。当有功电源布局、网络结构、负荷分配确定后，无功电源的布局、无功电力的传输以及无功电力的管理，将直接影响电力系统的经济运行。

由以上简单的理论分析可见，造成电压波动的主要因素：一是用户无功负荷的变化，例如高峰负荷和低谷负荷；二是电网内无功潮流的变化，例如主要发电机组的开机与停机引起电网内无功潮流的变化。在这些情况下，当电力系统中没有足够的无功电源和调压装置时，便会产生大的电压波动和偏移，甚至出现不允许的低电压和高电压运行的状态。

无论是低电压运行还是高电压运行，当电压的变动幅度明显地超过规定的范围时，都会影响电力网的安全经济运行。

电网低电压运行的危害性：

①降低电源出力，减少输变电设备的输电能力；

②电压低，电动机启动困难，长期运行会导致电动机烧毁；

③降低电器的使用率和经济效益；

④影响生产过程的正常运行和产品质量；

⑤增加电力网的功率损耗和电能损耗；

⑥危及电力系统的安全运行，严重时导致电压崩溃、系统瓦解。

电网高电压运行的危害性：

①加速电气设备绝缘老化，缩短电气设备使用寿命；

②迫使部分无功补偿设备退出运行，降低其投入率；

③电压高，会加大电网的谐波，污染电力系统环境；

④影响生产过程的正常进行和产品质量；

⑤增加电力网的功率损耗和电能损耗；

⑥危及电力系统的安全运行，严重时导致电压崩溃、系统瓦解。

所以，为了解决电力系统的电压质量问题，保证系统安全经济运行，必须做好无功电源规划和建设，加强无功和电压管理，进行合理的无功补偿和安装必要的调压设备。

因此，为了改善和提高电力系统的电压质量，充分发挥电力设备的经济效益，减少网损，降低线损率，一方面，应在用户侧采取措施提高负荷功率因数；另一方面，在电力系统的各变电站中合理配置无功补偿装置和调压装置，使无功电源合理分布，尽量减少无功功率的长途输送。为此，应进行合理的无功优化规划，使无功负荷就地（或就近）补偿，力求达到就地平衡，系统无功达到分区分电压等级的平衡，以减少负荷向系统索取大量无功功率，这样就会使长距离输送无功功率所造成的有功功率损耗减少，从而使整个电力系统实现安全、经济运行。

电力系统无功优化的基本思路是：在电力系统有功负荷、有功电源及有功潮流分布已经给定的情况下，以发电机端电压幅值、无功补偿电源容量和可调变压器分接头位置作为控制变量，而以发电机无功出力、负荷节点电压幅值和支路输送功率作为状态变量，应用优化技术和人工智能技术，在满足电力系统无功负荷的需求下，谋求合理的无功补偿点和最佳补偿容量，使电力系统安全、经济地向用户供电。

3.2.2 无功优化规划模型

无功优化模型大多都是以静态的单运行方式的模型，即只考虑正常最大负荷方式下的无功补偿优化问题。对于无功补偿规划来讲，这是不够的，因为没有考虑系统最小负荷方式和事故情况下对无功补偿的要求，在时间上也没有考虑不同年份由于负荷变化对不同补偿的要求。为此，无功优化规划模型就是试图解决上述缺陷而提出来的实用模型。

这个模型对不同年份有不同无功补偿要求的动态过程作了考虑，对同一年中不同负荷方式对调压及无功补偿的要求也作了考虑，同时对事故情况下调压及增加无功补偿设备问题作了优化处理，因此，可以说此类模型考虑的问题比较全面。

1. 无功优化规划数学模型的组成

为了下面叙述方便，用表示无功规划期年数，用 y 表示规划期中的每一年，即 $y=1$，2，…，N_T。用 N_f 表示规划期中每一年所考虑的电力系统负荷方式数，用 f 表示负荷方式中的每一种方式，即 $f=1$，2，…，N_f，并且规定，$f=1$ 表示最小负荷方式，$f=2$ 表示最大负荷方式，$f=3$，…，N_{f-1} 为其他负荷方式，$f=N_f$ 为事故检验负荷方式。

（1）目标函数

考虑规划期内无功补偿设备投资及运行费用和有功网损费用为最小的电力系统无功优化规划模型的目标函数为

$$\min F=\sum_{y=1}^{N_T}\sum_{i=1}^{N_{Ry}}\alpha_{Ri}Q_{Riy}+\sum_{y=1}^{N_T}\sum_{j=1}^{N_{Cy}}\alpha_{Cj}Q_{Cjy}+C\tau_{\max}P_{Sy} \quad (3\text{-}1)$$

其中：$Q_{Riy}=Q_{Ri,y-1}+\Delta Q_{Riy}+\Delta Q_{RiyNf}$

$$\Delta Q_{Riy}=\max\left\{Q_{Riyf},f=1,2,\cdots,\ N_{f-1}\right\}$$

$$Q_{Cjy}=Q_{Cj,y-1}+\Delta Q_{Cjy}+\Delta Q_{CjyNf}$$

$$\alpha_{Ri}=Z_{Ri}(a_R+b_R)+Ct_{Ri}\Delta p_{Ri}$$

$$\alpha_{Cj}=Z_{Cj}(a_C+b_C)+Ct_{Cj}\Delta p_{Cj}$$

式中 N_{Ry}，N_{Cy} 分别为第 y 年系统感性和容性无功补偿节点数；Q_{Riy}，$Q_{Ri,y-1}$ 分别为第 y

年和第 y–1 年系统感性无功补偿容量；Q_{Cjy}，$Q_{Cj,y\text{-}1}$ 分别为第 y 年和第 y–1 年系统容性无功补偿容量；Q_{Riyf}，Q_{Cjyf} 分别为第 y 年 f 负荷方式下感性和容性无功补偿容量，由无功补偿优化模型求得；Q_{RiyNf}，Q_{CjyNf} 分别为第 y 年 N_f 事故检验情况下感性和容性无功补偿容量；α_{Ri}，α_{Cj} 分别为感性和容性单位无功补偿费用系数；Z_{Ri}，Z_{Cj} 分别为感性和容性单位无功补偿设备的综合投资费用；α_R，α_C 分别为感性和容性无功补偿设备的等年值系数；b_R，b_C 分别为感性和容性无功补偿设备的运行维护费率；C 为有功网损电价；t_{Ri}，t_{Cj} 分别为感性和容性无功补偿设备年运行小时数；ΔP_{Ri}，ΔP_{Cj} 分别为感性和容性无功补偿设备发生的有功损耗。

（2）约束条件

在无功优化规划模型中考虑的约束条件有节点功率平衡约束、控制变量约束和状态变量约束等。

①节点功率方程约束：

$$P_{Giyf}-P_{Liyf}=U_{iyf}\sum_{j=1}^{N_y}U_{jyf}(G_{ijyf}\cos\delta_{ijyf}+B_{ijyf}\sin\delta_{ijyf}) \tag{3-2}$$

$$Q_{Giyf}-Q_{Liyf}+Q_{Ciyf}-Q_{Riyf}=U_{iyf}\sum_{j=1}^{N_y}U_{jyf}(G_{ijyf}\sin\delta_{ijyf}+B_{ijyf}\cos\delta_{ijyf}) \tag{3-3}$$

式中，N_y 为第 y 年电网中节点总数；P_{Giyf}，Q_{Giyf} 分别为第 y 年负荷方式 f 下节点 i 的发电机有功出力和无功出力；P_{Liyf}，Q_{Liyf} 分别为第 y 年负荷方式 f 下节点 i 的有功负荷和无功负荷；Q_{Ciyf}，Q_{Riyf} 分别为第 y 年负荷方式 f 下节点 i 的容性和感性无功补偿容量；U_{iyf}，U_{jyf} 分别为第 y 年负荷方式 f 下节点 i 和 j 的电压幅值；G_{ijyf}，B_{ijyf}，δ_{ijyf} 分别为第 y 年负荷方式 f 下节点 i 和 j 之间的电导、电纳和相角差。

②控制变量约束：

$$\left\{\begin{matrix} U_{Giyf\min}\leqslant U_{Giyf}\leqslant U_{Giyf\max} \\ (y=1,2,\cdots,N_T;f=1,2,\cdots,N_f;i=1,2,\cdots,N_{G_y}) \end{matrix}\right\} \tag{3-4}$$

$$Q_{Riyf\min}\leqslant Q_{Riyf}\leqslant Q_{Riyf\max},i=1,2,\cdots,N_{R_y} \tag{3-5}$$

$$Q_{Cjyf\min}\leqslant Q_{Cjyf}\leqslant Q_{Cjyf\max},j=1,2,\cdots,N_{C_y} \tag{3-6}$$

$$T_{tkyf\min}\leqslant T_{tkyf}\leqslant T_{tkyf\max},k=1,2,\cdots,N_{ty} \tag{3-7}$$

式中，U_{Giyf}，$U_{Giyf\min}$，$U_{Giyf\max}$ 分别为第 y 年负荷方式 f 下节点 i 的发电机端电压及其下限值和上限值；Q_{Riyf}，$Q_{Riyf\min}$，$Q_{Riyf\max}$ 分别为第 y 年负荷方式 f 下感性无功补偿容量及其下限值和上限值；Q_{Ciyf}，$Q_{Ciyf\min}$，$Q_{Ciyf\max}$ 分别为第 y 年负荷方式 f 下节点 i 的容性无功补偿容量及其下限值和上限值；Q_{tkyf}，$Q_{tkyf\min}$，$Q_{tkyf\max}$ 分别为第 y 年负荷方式 f 下可调变压器

分接头及其下限值和上限值；N_{Gy}，N_{Ry}，N_{Cy}，N_{ty} 分别为第 y 年发电机节点数、感性和容性无功补偿节点数、可调分接头变压器台数。

③状态变量约束：

$$\left\{\begin{array}{c} U_{Diyf\min} \leqslant U_{Diyf} \leqslant U_{Diyf\max} \\ (y=1,2,\cdots,N_T; f=1,2,\cdots,N_f; i=1,2,\cdots,N_{D_y}) \end{array}\right\} \tag{3-8}$$

$$Q_{Giyf\min} \leqslant Q_{Giyf} \leqslant Q_{Giyf\max}, i=1,2,\cdots,N_{R_y} \tag{3-9}$$

$$q_{Blyf\min} \leqslant q_{Blyf} \leqslant q_{Blyf\max}, j=1,2,\cdots,N_{B_y} \tag{3-10}$$

式中，U_{Diyf}，$U_{Diyf\min}$，$U_{Diyf\max}$ 分别为第 y 年负荷方式 f 下负荷节点 i 的电压及其下限值和上限值；Q_{Giyf}，$Q_{Giyf\min}$，$Q_{Giyf\max}$ 分别为第 y 年负荷方式 f 下节点 i 的发电机无功出力及其下限值和上限值；q_{Blyf}，$q_{Blyf\min}$，$q_{Blyf\max}$ 分别为第 y 年负荷方式 f 下支路 i 的无功潮流及其下限值和上限值；N_{Dy}，N_{Gy}，N_{By} 分别为第 y 年电网中负荷节点数、发电机节点数、网络支路数。

由于无功优化规划模型包含许多变量，因此对于实际的大型网络，整个规划期内的最优解很难快速求出。上述规划问题有以下方法可用于求解。

①分层分级优化法。根据庞特里亚金（Pontryagin）最小值定理，将动态优化问题分解成年份哈密顿（Hamilton）函数最小值问题。由于哈密顿函数问题一次只对一年进行优化，同原问题相比决策变量可大幅度减少。然后，采用 Benders 分解技术，将年份哈密顿函数最小值问题分解成为投资问题及运行问题。投资问题为混合整数规划模型，可用分支限界法求解；运行问题为非线性规划模型，可用优化方法求解对投资模型和运行模型交替进行求解，直到收敛为止，最后便可得原问题的最优解。

②逐年优化法。对于无功优化规划问题，可采用逐年优化法，先从规划期中第 1 年开始作无功补偿优化计算，将这一年的优化计算结果作为给定条件进入下一年，再作下一年的优化计算，如此继续迭代，直到规划期最后 1 年为止。对于每一年份的无功补偿问题，在考虑不同负荷方式下，采用优化方法进行计算。

下面以逐年优化方法为例，介绍电力系统无功优化规划模型的求解过程。

2. 无功优化规划模型求解过程

由于无功规划问题比较复杂，可能的规划方案非常多，要在无功补偿规划期内作补偿容量的整体优化，由于规模太大难以合理地求得问题的最佳方案，为此，可以采用逐年优化法求解。

从规划期内的第 1 年开始，根据输入的原始数据作电力系统潮流计算和无功补偿优化计算，将这一年优化决策的结果作为给定条件进入下一年，再作下一年的无功优化计算，如此，继续迭代，直至规划期的最后 1 年为止。电力系统无功优化规划模型求解过程如图

3-1 所示。

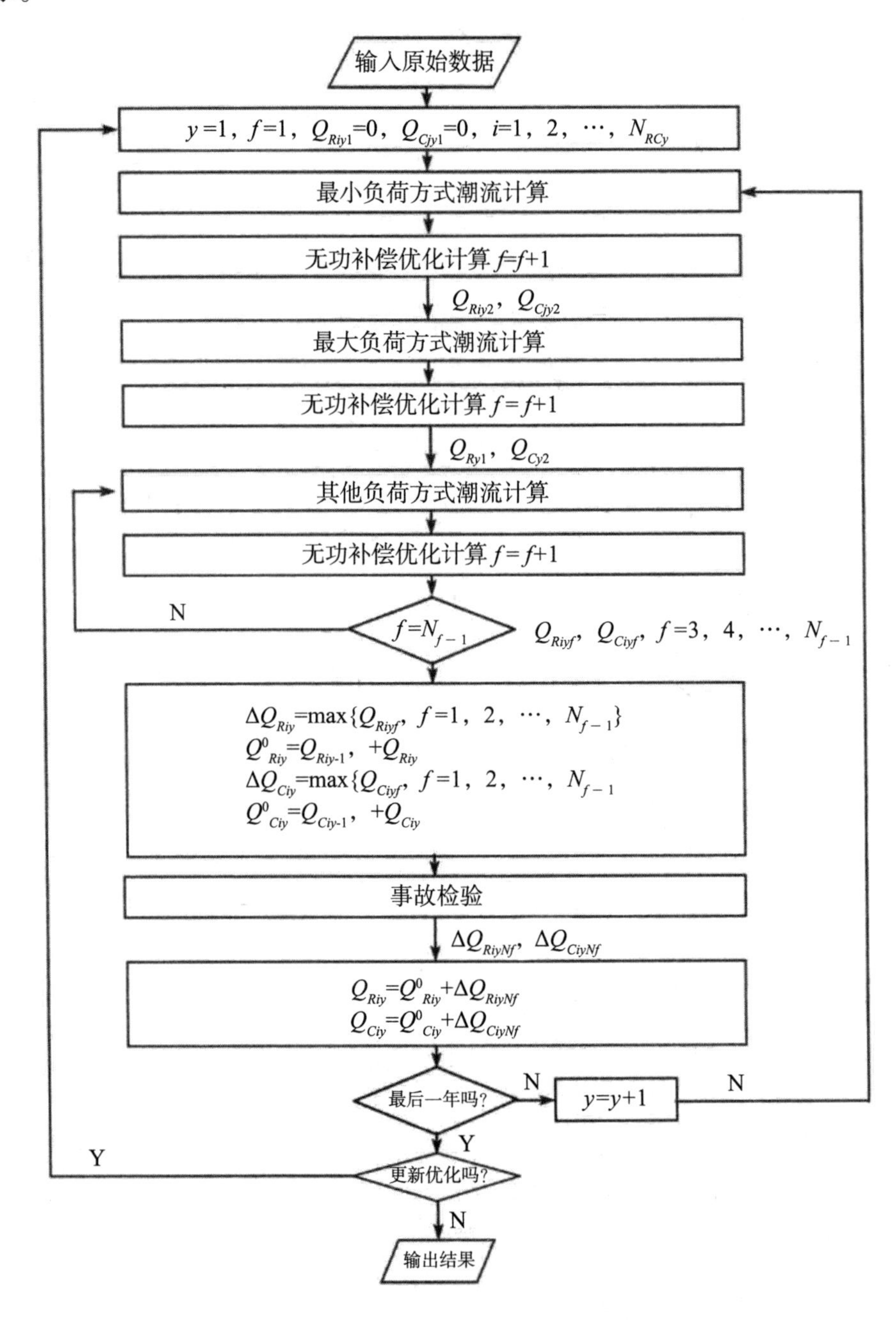

图 3–1　电力系统无功优化规划模型求解过程

①在每年的优化计算中，先作最小负荷方式的潮流计算和无功优化计算。其目的在于检验此时系统各节点是否有电压过高现象，计算时可将允许切除的无功补偿容量切除，各发电机的端电压调至低限。如果还有节点电压过高现象发生，则考虑能否适当调整变压器分接头来满足。如果仍然不能满足，则考虑采用自动加装并联电抗器进行无功补偿，最终使系统所有节点的电压满足要求。最后，将本负荷方式的优化计算结果作为给定条件进入

下一个负荷方式的优化计算。

本负荷方式的优化计算结果，如第 y 年最小负荷方式 $f=1$ 下第 i 节点的感性和容性无功补偿容量 Q_{Riy1}，Q_{Cjy1}，其中 $i=1$，2，…，N_{RCy}，$y=1$，2，…，N_T，而 N_{RCy} 为第 y 年最小负荷方式 $f=1$ 下的无功补偿节点数。

②作最大负荷方式的潮流计算和无功优化计算。潮流计算用以确定无功优化的初始值，如发电机的有功输出、各节点电压的大小和相角、发电机和已有无功补偿设备的无功输出等。在优化计算中，发电机有功输出和各节点的电压相角认为不变，即认为无功补偿不影响发电机间的有功功率分配，有功功率变化量由平衡节点来承担。但是，对于电压相角来说，加装无功补偿设备后会稍有变化，为了准确，可以采用回代的办法，即将优化好的各节点无功补偿容量和电压值回代入潮流计算模型，重新计算出各节点的电压、相角值，再用计算出的新值作为初始值进入无功补偿优化模型，重作优化。通常回代 1 ~ 2 次就可以了。采用电压相角 δ 恒定的办法，可使优化问题规模减小而便于求解。

本负荷方式的优化结果，例如，第 y 年最大负荷方式 $f=2$ 时第 i 节点的感性和容性无功补偿容量 Q_{Rjy2} 和 Q_{Cjy2} 作为给定条件进入下一个负荷方式的优化计算。

③其他负荷方式的潮流计算和无功优化计算。例如，系统正常运行负荷方式等，其优化计算结果为 Q_{Rjyf} 和 Q_{Cjyf}，$y=1$，2，…，N_y，$f=3$，4，…，N_{f-1}。

④根据对本年份不同负荷方式的优化计算结果，确定本年份系统各节点的感性和容性无功补偿容量，采用取最大值的办法，即

$$\Delta Q_{Riy}=\max\left\{Q_{Riyf},f=1,2,\cdots,N_{f-1}\right\}$$
$$\Delta Q_{Ciy}=\max\left\{Q_{Ciyf},f=1,2,\cdots,N_{f-1}\right\}$$

各补偿点的补偿容量初步确定之后，便可以进行事故检验，主要是检验当前年份系统中某条线路发生故障断开后，系统各节点电压是否能满足要求。为了充分利用系统各种调压措施和节约新增加无功补偿设备费用，故障检验仍采用非线性规划优化模型。在某种故障情况下，如已有各种调压措施充分发挥作用后，还不能满足事故情况下的调压要求，由该模型自动规划出应增加的无功补偿容量。事故检验情况下系统各节点应增加的感性和容性无功补偿容量分别记为 ΔQ_{RiyNf} 和 ΔQ_{CjyNf}，其中，下标 N_f 为事故检验方式。

由上述无功补偿优化模型得出的各节的无功补偿容量，加上事故检验模型得出的各节点要增加的无功补偿容量，即

$$Q_{Riy}=\Delta Q_{Riy}+\Delta Q_{RiyNf}$$
$$Q_{Cjy}=\Delta Q_{Cjy}+\Delta Q_{CjyNf}$$

上述结果就作为各节点的最终补偿容量。

这一年份计算完后，将已定的各节点无功补偿容量作为给定条件进入下一年份，再进行下一年份的无功补偿优化计算，直至规划期的最后一年。

如果对上述经逐年优化的结果不满意，部分地方想作修改，经过协调处理后，可以再重新作逐年优化计算，直至计算结果令人满意为止。

3.2.3 无功补偿优化数学模型

1. 目标函数

电力系统无功补偿优化的目标包括技术性能指标和经济性能指标，可以是：

①电网新增加的无功补偿容量最小；

②全网有功网损最小；

③电压质量最好；

④系统总的费用最省等。

考虑上述情况，电力系统无功补偿优化数学模型的目标函数可描述为

$$\left\{\begin{array}{l}\min F_f=\sum_{i=1}^{N_{CY}}\alpha_{Ri}Q_{Riyf}+\sum_{j=1}^{N_{CY}}\alpha_{Cj}Q_{Cjyf}+C_{T\max}R_{syf}+\\ \lambda_1\sum_{j=1}^{N_{D_y}}\left(\dfrac{\Delta U_{Djyf}}{U_{Djyf\max}-U_{Djyf\min}}\right)^2+\lambda_2\sum_{j=1}^{N_{G_y}}\left(\dfrac{\Delta Q_{Gkyf}}{Q_{Gkyf\max}-Q_{Gkyf\min}}\right)^2\\ y=1,2,\cdots,N_r;f=1,2,\cdots,N_{f-1}\end{array}\right\} \tag{3-11}$$

其中：

$$\Delta U_{Djyf}=\begin{cases}U_{Djyf}-U_{Djyf\max},U_{Djyf}>U_{Djyf\max}\\ 0,U_{Djyf\min}\leqslant U_{Djyf}\leqslant U_{Djyf\max}\\ U_{Djyf\min}-U_{Djyf},U_{Djyf}<U_{Djyf\min}\end{cases}$$

$$\Delta Q_{Gkyf}=\begin{cases}Q_{Gkyf}-Q_{Gkyf\max},Q_{Gkyf}>Q_{Gkyf\max}\\ 0,Q_{Djyf\min}\leqslant Q_{Gkyf}\leqslant Q_{GKyf\max}\\ Q_{Gkyf\min}-Q_{Gkyf},Q_{Gkyf}<Q_{Gkyf\min}\end{cases}$$

式中，P_{Syf} 为系统第 y 年负荷方式 f 下的有功网损；$U_{Djyf,}U_{Djyf\min,}U_{Djyf\max}$ 分别为第 y 年负荷方式 f 下负荷节点的电压及其下限值和上限值；$Q_{Gkyf,}Q_{Gkyf\min,}Q_{Gkyf\max}$ 分别为第 y 年负荷方式 f 下发电机节点的无功出力及其下限值和上限值；λ_1 为各负荷节点电压越限惩罚系数；λ_2 为各发电机无功出力越限惩罚系数。

在式（3-11）所描述的目标函数中，第 1，2 项为无功补偿费用，第 3 项为有功网 损费用；第 4 项为对负荷节点电压越限惩罚函数；第 5 项为对发电机无功出力越限惩罚函 数。

2. 节点功率方程约束

在无功补偿优化模型中，考虑节点有功和无功率平衡约束，即

$$P_{Gjyf} - P_{Liyf} = U_{iyf}\sum_{j=1}^{N_y} U_{jyf}(G_{ijyf}\cos\delta_{ijyf} + B_{ijyf}\sin\delta_{ijyf}) \tag{3-12}$$

$$Q_{Gjyf} - Q_{Liyf} + Q_{Ciyf} - Q_{Riyf} = U_{iyf}\sum_{j=1}^{N_y} U_{jyf}(G_{ijyf}\sin\delta_{ijyf} + B_{ijyf}\cos\delta_{ijyf}) \tag{3-13}$$

3. 变量约束

$$U_{Giyf\min} \leqslant U_{Giyf} \leqslant U_{Giyf\max}, (i = 1,2,\cdots,N_{G_y}) \tag{3-14}$$

$$Q_{Riyf\min} \leqslant Q_{Riyf} \leqslant Q_{Riyf\max}, (i = 1,2,\cdots,N_{R_y}) \tag{3-15}$$

$$Q_{Cjyf\min} \leqslant Q_{Cjyf} \leqslant Q_{Cjyf\max}, (j = 1,2,\cdots,N_{C_y}) \tag{3-16}$$

$$T_{tkyf\min} \leqslant T_{tkyf} \leqslant T_{tkyf\max}, (k = 1,2,\cdots,N_{ty}) \tag{3-17}$$

$$U_{Diyf\min} \leqslant U_{Diyf} \leqslant U_{Diyf\max}, (i = 1,2,\cdots,N_{D_y}) \tag{3-18}$$

$$Q_{Giyf\min} \leqslant Q_{Giyf} \leqslant Q_{Giyf\max}, (i = 1,2,\cdots,N_{R_y}) \tag{3-19}$$

$$q_{Blyf\min} \leqslant q_{Blyf} \leqslant q_{Blyf\max}, (l = 1,2,\cdots,N_{B_y}) \tag{3-20}$$

上述无功补偿优化数学模型为非线性规划模型，采用遗传算法进行求解。

3.2.4 事故检验数学模型

事故检验是电力系统无功补偿规划设计和运行管理的一项重要内容。优化计算得到的无功补偿方案在事故情况下能否满足调压要求，还需要作事故检验分析。大多数电网预想事故一般都是单一的，现行电网的事故检验大都是采用潮流计算或稳定计算，对系统进行大量的计算来确定。当在某一事故情况下，系统的无功补偿不能满足运行要求时，只能靠人工经验对补偿方案进行调整，靠做大量的试算工作来解决。这种做法得不到最优补偿方案，反而计算工作量还很大。

为了解决上述问题，可应用事故检验数学模型，对电网内发生的每一件事故，应用事故检验数学模型作优化计算，可求得满足一定要求下各种无功电源和无功补偿点的最佳力和新增加的无功补偿容量，并考虑了系统中变压器可调分接头在事故情况下的作用。

事故检验的目的就是检验电网内无功补偿方案能否满足事故运行要求，当现有系统的无功补偿设备容量不能满足事故情况下的调压要求时，如何以最少地增加设备投资满足统的调压要求。因此，事故检验数学模型的目标函数是，使系统中各无功补偿点新增加的无功补偿的费用为最小，其约束条件为系统潮流和运行约束。事故检验数学模型描述如下：

$$\min F_S = \sum_{i=1}^{N_{R_y}} \alpha_{Ri} Q_{Cjyf}^{(k)} + \sum_{j=1}^{N_{C_y}} \alpha_{Cj} Q_{Cjyf}^{(k)} (k = 1,2,\cdots,N_k) \tag{3-21}$$

s.t.

$$P_{Giyf} - P_{Liyf} = U_{iyf} \sum_{j=1}^{N_y} U_{jyf} (G_{ijyf} \cos \delta_{ijyf} + B_{ijyf} \sin \delta_{ijyf}) \tag{3-22}$$

$$Q_{Giyf} - Q_{Liyf} + Q_{Ciyf} - Q_{Riyf} = U_{iyf} \sum_{j=1}^{N_y} U_{jyf} (G_{ijyf} \sin \delta_{ijyf} + B_{ijyf} \cos \delta_{ijyf}) \tag{3-23}$$

$$U_{Giyf\min} \leqslant U_{Giyf} \leqslant U_{Giyf\max}, (i = 1,2,\cdots,N_{G_y}) \tag{3-24}$$

$$Q_{Riyf\min} \leqslant Q_{Riyf} \leqslant Q_{Riyf\max}, (i = 1,2,\cdots,N_{R_y}) \tag{3-25}$$

$$Q_{Cjyf\min} \leqslant Q_{Cjyf} \leqslant Q_{Cjyf\max}, (j = 1,2,\cdots,N_{C_y}) \tag{3-26}$$

$$T_{tkyf\min} \leqslant T_{tkyf} \leqslant T_{tkyf\max}, (k = 1,2,\cdots,N_{ty}) \tag{3-27}$$

$$U_{Diyf\min} \leqslant U_{Diyf} \leqslant U_{Diyf\max}, (i = 1,2,\cdots,N_{D_y}) \tag{3-28}$$

$$Q_{Giyf\min} \leqslant Q_{Giyf} \leqslant Q_{Giyf\max}, (i = 1,2,\cdots,N_{R_y}) \tag{3-29}$$

$$q_{Blyf\min} \leqslant q_{Blyf} \leqslant q_{Blyf\max}, (l = 1,2,\cdots,N_{B_y}) \tag{3-30}$$

式中，N_k 为系统检验的故障支路数，其余符号的意义与前述相同，这里的 f=N_f 指事故负荷方式，有关的限值都是事故情况下允许的下限值和上限值。

对于不同的线路停运，各节点需要增加的无功补偿容量可能不同，则取其中较大的数值作为该节点应增加的无功补偿容量，即

$$Q_{RjyNf}^{(k)} = \begin{Bmatrix} 0, Q_{Rjyf}^{(k)} \leqslant Q_{Rif}^{(0)} \\ \Delta Q_{Riyf}^{(k)} = Q_{Rjyf}^{(k)} - Q_{Rif}^{(0)}, Q_{Rjyf}^{(k)} > Q_{Rif}^{(0)} \end{Bmatrix} \tag{3-31}$$

式中：

$$\left. \begin{array}{l} Q_{Riy}^{(k)} = Q_{Ri,y-1} + \Delta Q_{Riy} \\ Q_{RiyNf}^{(k)} = \max\left\{ Q_{RiyNf}^{(k)}, k = 1,2,\cdots, \ N_k \right\} \\ Q_{CjyNf}^{(k)} = \begin{Bmatrix} 0, Q_{Cjyf}^{(k)} \leqslant Q_{Cjy}^{(0)} \\ \Delta Q_{Cjyf}^{(k)} = Q_{Cjyf}^{(k)} - Q_{Cjy}^{(0)}, Q_{Cjyf}^{(k)} > Q_{Cjy}^{(0)} \end{Bmatrix} \end{array} \right\} \tag{3-32}$$

其中：

$$Q_{Cjy}^{(0)} = Q_{Cj,y-1} + \Delta Q_{Cjy}$$
$$\Delta Q_{CjyNf}^{(k)} = \max\left\{Q_{CjyNf}^{(k)}, k=1,2,\cdots, N_k\right\}$$

在实际计算中，可以将第 k 次故障检验应增加的无功补偿容量 $\Delta Q_{Riyf}^{(k)}$ 和 $\Delta Q_{Cjyf}^{(k)}$ 作为给定的增加容量，再进行第 k+1 条线路故障检验，这样，式（3-31）和式（3-32）就自然满足了。

上述事故检验数学模型是非线性规划模型，可用与无功补偿优化数学模型相同的方法求解。对于第 k 条线路故障后，作事故检验优化计算，求出相应的新增容量 $\Delta Q_{Riyf}^{(k)}$ 和 $\Delta Q_{Cjyf}^{(k)}$，将这个增量作为给定的补偿容量进入事故检验模型，再进行下一条线路，即第 k+1 条线路的事故检验，直至全部事故检验完毕。这样得到的各节点最终补偿容量 ΔQ_{RiyNf} 和 ΔQ_{CjyNf} 将是各种事故情况下第 i 个节点最终无功补偿容量的增量，在事故检验过程中已经充分考虑了发挥已投入的无功补偿容量的作用。

事故检验完毕后，将原来由无功补偿优化模型运算后给出的无功补偿容量 $\Delta Q_{Riy}^{(0)}$ 和 $\Delta Q_{Cjy}^{(0)}$，考虑事故检验后增加的无功补偿容量 ΔQ_{RiyNf} 和 ΔQ_{CjyNf} 后改为 $\Delta Q_{Riy}^{(0)} + \Delta Q_{RiyNf}$ 和 $\Delta Q_{Cjy}^{(0)} + \Delta Q_{CjyNf}$，回代入潮流计算模型计算出各种精确的参数，从而确定系统中各节点的最终无功补偿容量。

关于故障线路如何选择，可以采用灵敏度分析方法自动选择，也可以由人工事先给定。在较多情况下，采用由人工给定故障线路也可以获得满意的结果。

应用此模型作事故检验，不仅能得出为了满足事故情况下调压要求必须增加的无功补偿容量，而且同时对系统所有发电机和无功补偿点的无功出力作了调整，即针对某一条线路故障，为了满足调压要求，对全系统各节点的运行参数都进行了调整，充分利用了系统的各种调压措施。这样来解决事故情况下的调压问题，是这个模型的特色。

3.2.5 模型求解——遗传算法及改进

式（3-11）~式（3-20）所描述的无功补偿优化数学模型和式（3-21）~式（3-30）所描述的事故检验数学模型都是非线性规划模型，可以采用线性规划法、非线性规划法等有约束的优化方法求解。但是线性规划法、非线性规划法均为单路径搜索方法，即从一个初始点出发，每次迭代都要对决策变量进行修正，直到收敛为止。但收敛结果不一定为全局最优解，可能为局部最优解。克服这一弊端的方法，可以采用遗传算法。

遗传算法是从多个初始点出发进行搜索。同一次迭代中各个点的信息相互交换。初始点越多，收敛到全局最优解的可能性越大。遗传算法允许所求解的问题是非线性的和不连续的，并能从整个可行域空间寻找最优解，能以较大的概率找到全局最优解，同时由于其搜索最优解的过程是有指导性进行的，从而避免了维数灾难问题。

用遗传算法求解无功优化问题时，首先随机产生一组初始潮流解，受各种约束条件的限制，通过目标函数值来评价优劣，评价值低的被抛弃，只有评价值高的才有机会将其特征遗传到下一代，然后对变量进行带有遗传信息的编码，再执行遗传操作，进行重新组合，以产生更为优秀的个体，这个个体对应的解将趋于最优。如此重复迭代遗传，直至收敛为止，最后得到趋于最优的一组原问题的解。

应用遗传算法求解电力系统的无功优化问题，关键在于确定反映原问题目标的适应度函数和易于操作的染色体编码，因为原问题的编码形式是遗传操作的基础。

1. 适应度函数

适应度函数要反映无功优化的目的和要求，既要使优化方案的投资和网损费用为最小，同时又不出现发电机无功出力越限及节点电压越限的问题。例如，式（3-11）~式（3-20）所描述的无功补偿优化数学模型的目标函数是总费用最小，为适应用遗传算法求最大值的特点，其适应度函数为

$$U = U_0 - F_f$$

式中，U_0 为事先给定的大数，F_f 为前述的无功补偿优化数学模型的目标函数。

2. 染色体编码

无功优化问题与染色体之间的编码和解码步骤是：首先将各控制变量排序，然后按此顺序将每个控制变量作为染色体中的一个基因，每个基因采用二进制数或十进制数表示。若用二进制数编码，对每个变量编码串长取5位就足够，例如，PV节点的电压调节在0.9~1.1 p.u.之间，可调节量为0.2 p.u.，则电压调节步长为0.2/31 =0.006 45 p.u.，已足够满足要求，这里P.u.为标幺值。设有 n 个待优化的控制变量，则染色体长度为 $5n$。每个染色体就表示一个待选优化方案。

电力系统无功补偿优化问题：取发电机的端电压 U_G、无功补偿电抗器容量 Q_R、无功补偿电容器容量 Q_C、可调变压器分接头位置 T_t 为控制变量，表示成染色体为

$$\begin{aligned} X &= \left[U_G \middle| Q_R \middle| Q_C \middle| T_t\right] \\ &= \left[U_{G1}, U_{G2}, \cdots, U_{G,N_G} \middle| Q_{R1}, Q_{R2}, \cdots, Q_{R,N_R} \middle| Q_{C1}, Q_{C2}, \cdots, Q_{C,N_G} \middle| T_{t1}, T_{t2}, \cdots, T_{t,N_t}\right] \end{aligned}$$

式中 N_G，N_R，N_C；N_t，分别为电力系统中发电机节点数、感性无功补偿节点数、容性无功补偿节点数和可调分接头变压器台数。

3. 计算过程

①输入原始数据。

②产生第1代染色体种群：形成 N 个使潮流收敛的染色体，任一染色体可由下述各步生成。

a. 随机抽取 $N_G+N_R+N_C+N_t$ 个［0，1］区间均匀分布的随机数，并根据下式计算出所有控制变量的值：

$$X_i = r_i(X_{i\max} - X_{i\min}) + X_{i\min} \tag{3-33}$$

式中，r_i 为 [0，1] 区间的随机数；X_i，$X_{i\min}$，$X_{i\max}$ 分别为控制变量 X 的取值及其下限值和上限值，如此生成控制变量决策方案 X。

b. 根据控制变量 X 的取值，进行潮流计算。

c. 若潮流收敛，X 即为一个染色体；否则转向步骤 a 执行。

③计算染色体群体中每个染色体的适应度函数值。

④进行遗传操作：对这一代 N 个染色体进行选择、交叉、变异和保留优秀个体操作，形成新一代的 N 个染色体，但是每个染色体均需通过潮流计算检验合格。

⑤若连续若干代运算后适应度函数值无显著变化，就转向步骤⑥，否则转向步骤③。

⑥停止迭代，输出计算结果，将染色体解码还原成规划方案。

4. 遗传算法的改进

由于简单遗传算法很难以概率“1”收敛至全局最优解，为此，在下述方面作了改进。

（1）优化编码，采用交叉编码方式

遗传算法应用于实际问题的关键在于控制变量的映射编码。在电力系统无功优化问题中，有大量的控制变量需要处理，因此，一个码串可以长达几十至几百位。这样长的码串处理得好坏直接影响计算时间的长短和收敛的可靠性。采用交替编码方式，在一个具有一个控制变量的系统中，每个控制变量用 ^ 位来表示，则映射方式为

$$X_j = b_{j(m-1)} \times 2^{m-1} + b_{j(m-2)} \times 2^{m-2} + \cdots + b_{j0} \times 2^0$$

码串中代表每个控制变量的子串通常是按顺序排列的，如图 3-2 所示。

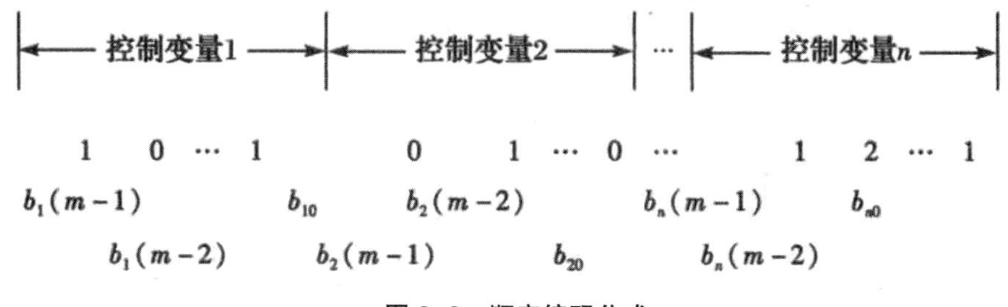

图 3-2　顺序编码公式

为了减少迭代次数和加快搜索过程，采用交替编码方式，码串排列如图 3-3 所示。

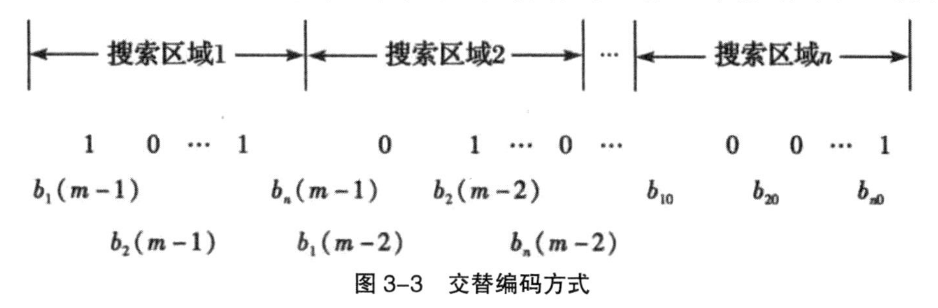

图 3-3　交替编码方式

这样排列的结果可将搜索区域分成粗调区域和细调区域。在寻优初始阶段，可以考虑只对搜索区域 1 进行搜索，随后再对区域 2 进行搜索，如此继续，最后对所有区域进行搜索。这样可加快搜索过程，减少迭代次数。

（2）设置保留算子

为了保证遗传算法能以概率“1”找到全局最优解，在简单遗传算法中引入保留算子，即在遗传操作结束后，用父代中的若干个最优或次优个体直接代替子代中的个体，这样能够保证历代出现的优良品种不会自动丢失，只有产生更好的品种时才会被取代，并为下一代遗传提供良好的母体。数学上可以证明，以此改进的遗传算法能以概率“1”收敛到全局最优解。

（3）采用变化的交叉率和变异率

在遗传迭代前期，交叉率应比较大，变异率应比较小，以确保计算过程的平稳进行。在迭代后期，染色体群体中的染色体已趋于稳定，可能收敛于局部最优解，此时交叉作用发生的概率可降低，而变异作用发生的概率应给得大一些，以便有机会跳出局部最优解，进入新的搜索空间。变化的交叉率和变异率的计算公式为

$$P_c^{(k)} = P_c^{(0)} - (P_c^{(0)} - P_{c\min})\ \mathrm{e}^{-\frac{\Delta u}{N_c}} \tag{3-34}$$

$$P_m^{(k)} = P_m^{(0)} - (P_{m\min} - P_m^{(0)})\ \mathrm{e}^{-\frac{\Delta u}{N_m}} \tag{3-35}$$

式中，k 为迭代次数；Δu 为第 $k-1$ 次迭代时染色体群体中所包含染色体的适应度函数值的最大值和最小值之差；$P_c^{(0)}$，$P_c^{(k)}$，$P_m^{(0)}$，$P_m^{(k)}$ 分别为交叉率、变异率的初始值和第 k 次 迭代时的数值，初始值取 $P_c^{(0)}=0.9$，$P_m^{(0)}=0.001$；$P_{c\min}$，$P_{m\min}$ 分别为交叉率的最小值和变异率的最大值，可取 $P_{c\min}=0.6$，$P_{m\min}=0.01$。N_c，N_m 为给定的常数，用于模拟交叉率、变异率随适应度函数分散情况而变化的快慢程度，可取 $N_c = N_m =20$。

式（3-34）、式（3-35）表示交叉率和变异率都随染色体域中适应度函数值的分散程度而变化，分散程度变小，交叉率变小，而变异率变大。

（4）惩罚因子自适应调整及随机数发生器

式（3-11）~式（3-20）所描述的模型中，惩罚系数随着状态变量越限程度的增加成指数增长，更有利于协调惩罚函数费用和目标函数费用之间的关系，加快收敛速度。

随机数发生器生成的初始染色体群体是否均匀分布在整个可行域内，对遗传算法的收敛性有影响。通常采用的线性同余法产生的随机数列存在线性相关问题，即在 n 维空间中的随机点，不能均匀分布在整个空间，改用贝斯 - 德拉姆洗牌与组合方法产生随机数，初始染色体群体在解空间的均匀分布性较好，相应的优化结果有明显的改进。这个结论与 Box 算法是相同的，也体现了利用随机数进行直接搜索算法的共性。

3.3 改进遗传算法在电力系统无功优化中的应用

这里针对常规遗传算法收敛速度慢、易早熟等缺陷，在前人研究的基础上，结合电力系统无功优化问题的特点对遗传算法进行了改进，将灵敏度分析引入到算法中。

3.3.1 无功优化数学模型的建立

无功优化的目的是使整个网络的损耗最小，并提高电压质量，节约系统运行费用，使系统稳定安全运行，其数学模型包括目标函数、功率约束方程和变量约束方程 3 个部分。

1. 目标函数

无功优化中的目标函数可以是：系统有功损耗最小，无功补偿设备投入资金最少，保证电压质量最优，变压器分接头和电容器投切次数最少，或者以上几种目标的综合。这里采用的目标函数为系统有功网损最小，同时将状态变量（节点电压及电动机无功出力）写成惩罚函数的形式：

$$\min F = P_{loss} + \sum_{i \in co_V} \lambda_{Vj}(V_j - V_{j\lim})^2 + \sum_{i \in co_G} \lambda_{Gj}(V_{Gi} - V_{Gi\lim})^2 \tag{3-36}$$

式中：右端第 1 项为有功网损；第 2 项为对节点电压幅值越限的惩罚项；第 3 项为对发电机无功出力越限的惩罚项；λ_{Vj} 和 λ_{Gi} 分别为除 PT 节点以外的节点电压、发电机无功出力越限惩罚因子；co_V 是越界负荷节点电压下标的集合；co_G 是越界负荷发电机无功出力下标的集合。$V_{j\lim}$ 和 $Q_{Gi\lim}$ 可以表示为：

$$V_{j\lim} = \begin{cases} V_{j\max}, & V_j > V_{j\max} \\ V_{j\min}, & V_j < V_{j\min} \\ V_j, & V_{j\min} < V_j < V_{j\max} \end{cases} \tag{3-37}$$

$$Q_{Gi\lim} = \begin{cases} Q_{Gi\max}, & Q_{Gi} > Q_{Gi\max} \\ Q_{Gi\min}, & Q_{Gi} < Q_{Gi\min} \\ Q_{Gi}, & Q_{Gi\min} < Q_{Gi} < Q_{Gi\max} \end{cases} \tag{3-38}$$

2. 约束条件

等式约束为节点功率平衡方程式：

$$P_i = V_i \sum_{j=1}^{N} V_j (G_{ij} \cos \delta_{ij} + B_{ij} \sin \delta_{ij}) \tag{3-39}$$

$$Q_i = V_i \sum_{j=1}^{N} V_j (G_{ij} \cos\delta_{ij} - B_{ij} \sin\delta_{ij}) \tag{3-40}$$

式中：P_i，Q_i 为节点处注入的有功、无功；V_i，V_j 巧为节点 i，j 的电压幅值；G_{ij}，B_{ij}，δ_{ij} 分别为节点 i，j 之间的电导、电纳和电压相角差。

变量约束方程为

$$\left.\begin{array}{l} T_{i\min} \leqslant T_i \leqslant T_{i\max} \\ Q_{Ci\min} \leqslant Q_{Ci} \leqslant T_{Ci\max} \\ V_{Gi\min} \leqslant V_{Gi} \leqslant V_{Gi\max} \\ V_{i\min} \leqslant V_i \leqslant V_{i\max} \\ Q_{Gi\min} \leqslant Q_{Gi} \leqslant Q_{Gi\max} \end{array}\right\} \tag{3-41}$$

式中：T_i 为可调变压器分接头的位置；Q_{Ci} 为容性无功补偿容量；V_{Gi} 为发电机机端电压；V_i 为节点电压；Q_{Gi} 为发电机无功出力。

3.3.2 应用于无功优化的改进的遗传算法

用遗传算法求解无功优化问题时，首先随机产生一组初始潮流解，受各种约束条件的限制，通过目标函数来评价其优劣，评价值低的被抛弃，只有评价值高的才有机会将其特征遗传到下一代，最后得到趋于最优的一组原问题的解。

1. 灵敏度的计算

灵敏度关系到控制变量和扰动变量的变化对系统状态变化的灵敏程度。对于无功优化问题，从潮流分布的观点出发，任一 10 kV 母线无功注入量的变化将影响到所有的节点电压，进而影响到节点的有功注入。因此，可选节点电压作为中间变量来确定有功网损对第 i 个节点有功、无功注入的灵敏度。应用灵敏度分析，会减少 GA 的搜索空间和计算时间。系统的有功网损表达为

$$P_{loss} = \sum_{i=1}^{N} V_i \sum_{j=1}^{N} V_j \sum_{j=1}^{N} (G_{ij} \cos\delta_{ij} + B_{ij} \sin\delta_{ij}) \tag{3-42}$$

联立式（3-39）、式（3-40）和式（3-42），反映 P_{loss} 和 P_i/Q_i 的关联程度的灵敏度可以表达为

$$\left.\begin{array}{l} S_{P_i}^{P_{loss}} = \dfrac{\partial P_{loss}}{\partial P_i} = \dfrac{\partial P_{loss}}{\partial \delta} \Box \dfrac{\partial \delta}{\partial P_i} + \dfrac{\partial P_{loss}}{\partial V} \Box \dfrac{\partial V}{\partial P_i} \\ S_{Q_i}^{P_{loss}} = \dfrac{\partial P_{loss}}{\partial Q_i} = \dfrac{\partial P_{loss}}{\partial \delta} \Box \dfrac{\partial \delta}{\partial Q_i} + \dfrac{\partial P_{loss}}{\partial V} \Box \dfrac{\partial V}{\partial Q_i} \end{array}\right\} \tag{3-43}$$

则有

$$\begin{bmatrix} S_{Q_i}^{P_{loss}} \\ S_{P_i}^{P_{loss}} \end{bmatrix} = \begin{bmatrix} \dfrac{\partial \delta}{\partial P_i} & \dfrac{\partial V}{\partial P_i} \cdot \dfrac{1}{V} \\ \dfrac{\partial \delta}{\partial Q_i} & \dfrac{\partial V}{\partial P_i} \cdot \dfrac{1}{V} \end{bmatrix} = \left[J^T \right]^{-1} \begin{bmatrix} \dfrac{\partial P_{loss}}{\partial \delta} \\ \dfrac{\partial P_{loss}}{\partial V} \cdot V \end{bmatrix} \tag{3-44}$$

其中，$\partial P_{loss} / \partial V$ 为有功功率损耗对节点电压的一阶导数，J 即潮流计算中的雅克比矩阵，且

$$\left.\begin{aligned} \frac{\partial P_{loss}}{\partial \delta_i} &= -2V \sum_{j=1}^{N} V_i G_{ij} \cos \delta_{ij} \\ \frac{\partial P_{loss}}{\partial V_i} \cdot V_i &= 2V \sum_{j=1}^{N} V_j \sum_{j=1}^{N} V_j G_{ij} \cos \delta_{ij} \end{aligned}\right\} \tag{3-45}$$

当灵敏度被确定后，那些灵敏度值大的母线将被选作为补偿母线。

2. 引入灵敏度计算的 IGA

GA 的一般过程是随机产生个体的第一代来匹配群体，自然选择在某种方法下被引进来，接着个体编码在某一方式下交叉和变异产生下一代个体来竞争生存空间，重复上面的步骤直到满足终止进化条件，从而输出优化结果。

（1）遗传编码和适应度函数

常规遗传算法采用二进制编码方式，对于无功优化这样的多变量的复杂优化问题，由于其控制变量的维数很多，如果采用二进制编码方式，为了保证问题的解具有一定的精度，则其个体的编码串将很长，从而使遗传操作的计算量较大，计算时间增多，需要更多的内存空间，同时其搜索空间也很大，导致搜索性能很差。因而，这里采用整数编码。控制变量包括变压器分接头、补偿电容器组和发电机终止电压，都用整数进行编码，每个控制变量对应一个基因整数位置。这样能使编码和译码过程简化，计算时间也会节省。

适应度是 GA 搜索的基础，引导 GA 搜索的方向。这里直接用问题的目标函数当作适应度值。

（2）产生原始群体

原始群体的质量会直接影响收敛的质量。所以，在一开始就通过改善原始群体的形成来增强 GA 的性能。因为电力系统的一般操作不能在很大程度上偏离优化操作点，第一代个体的产生方式如下。第一个个体在控制变量的当前位置产生，第一代的其他个体将通过引入的灵敏度来产生：

$$x_{ij} = \begin{cases} x_{1j} + \operatorname{int}\left[(x_{j\max} - x_{1j}) \times rand \right], S < 0 \\ x_{1j}, S = 0 \\ x_{1j} - \operatorname{int}\left[(x_{1j} - x_{j\min}) \times rand \right], S > 0 \end{cases} \tag{3-46}$$

式中：x_{ij} 为第 i 个个体的基因位；x_{1j} 为第一代个体的基因位；$x_{j\max} / x_{j\min}$ 为基因位的

上下限范围；int[·] 表示取整数；*rand* 为介于 0 和 1 之间的随机数；*S* 为网损对控制变量的灵敏度。通过式（3-46）产生的个体既不会超过限制，也能保证个体的种类。

（3）选择操作

选择操作是从父代中选取个体形成繁殖库的过程，它建立在对个体的适应度进行评价的基础上，有时直接关系到收敛速度问题。这里，种群的前 1/3 个体通过优化相邻搜索产生，中间 1/3 个体通过随机比赛模型产生，最后 1/3 个体通过在保证个体多样性的目的下随机产生。

（4）交叉操作

交叉操作在遗传算法中起着关键作用，是获取优良个体的最重要手段，决定了遗传算法的全局搜索能力。Bernoulli 法用作交叉操作，可以描述为：在 0 和 1 之间产生一个伪随机数，如果随机数小于给定的交叉值，则交叉将进行，否则停止。

交叉操作可以分成两个阶段：搜索阶段（T_1）和适应阶段（T_2）。在两个阶段中，分别通过随机线性组合交叉和部分确定性交叉。

随机线性组合交叉（T_2 阶段）：两个父体 X_1 和 X_2 在交叉操作中被随机选择。$\alpha \in$（0，1）是通过随机函数产生的一个随机数。X_3 和 X_4 是子体，它们的基因位产生如下：

$$x_{3j} = \text{int}\left[\alpha x_{1j} + (1-\alpha) x_{2j}\right] \tag{3-47}$$

$$x_{4j} = \text{int}\left[(1-\alpha) x_{1j} + \alpha x_{2j}\right] \tag{3-48}$$

式中：int[·] 表示取整数；基因位 *X* 为控制变量的编码值。如果某一个基因位超过交叉后的限制，则基因位将重新被设定。

部分确定性交叉（T_2 阶段）：假定 X_c 是目前最优个体，x_{cj} 是 X_c 的 jth 基因。在群体库中的每一个个体，X_i 和 X_c 交叉来产生子体，通过父体 x_{ij} 和 x_{cj} 的算数平均数交叉来产生子体 x_{ij} 的基因。如果 x_{ij} 不是整数，则通过 int[·] 使 x_{ij} 转化为整数：

$$x_{ij} = \text{int}\left[\left(x_{ij} + x_{cj}\right)/2\right] \tag{3-49}$$

通过式（3-47）和式（3-48），GA 的搜索容量在 T_1 阶段将会增强，式（3-49）拥有很强的收敛能力，这只能在 T_2 阶段应用。联立式（3-47）、式（3-48）和式（3-49），使得 IGA 有最快的区域适应能力。

（5）变异操作

变异操作是产生新个体的辅助方法，但它决定了遗传算法的局部搜索能力，可以维持群体的多样性，防止出现早熟现象。目标函数对某节点有功、无功注入的灵敏度系数直接提供了对调整该点有功注入量的效果评估。这里引进灵敏度系数，具体应用如下：X_i =[x_{i1}，x_{i2}，…，x_{ic}] 是父代个体，*i*=1，2，…，size。其中，size 是在群体库存中个体的数量；*C* 是染色体的长度，也就是控制变量的数目。当计算 X_i 的适应度时，P_{loss} 到（代表一个控制变量）任意时刻的灵敏度都可以表示出来。根据灵敏度值的正或负，挑选基因的具体变异方向就确定了（S_1，S_2 为设定的两个阈值，其中，$S_2 < S_1$）。

a. 如果 $S > S_1$，基因按照 x_{ij} 选择；

b. 如果 $S_2 < S < S_1$，基因按照 x_{ij} 选择；

c. 如果 S 足够小，则不操作。

当某一个控制变量在变异之后超出最低和最高值限制时，它将被设定为限制值。经过改进的变异操作，子代个体将更快地向最优结果收敛。

（6）终止条件及其改进

灵敏度分析和优化在 IGA 优化下进行，因此 GA 的终止条件是迭代次数达到最大迭代次数并且获得的最优个体是问题的可行解。

在这里，IGA 引入灵敏度能节省计算时间。IGA 的结果是否是最优的一个，可以通过灵敏度来核实。迭代以后，遗传算法的结果接近整体最优。

这里讨论了遗传算法的实用性，将灵敏度分析引入到遗传算法中。在负载分区的基础上运用灵敏度来决定补偿母线，目的是为了分散补偿和减少遗传算法的搜索空间。再有，为了满足大规模的电力系统无功优化的需要，通过改进交叉和变异的操作来提高遗传算法的性能。

第 4 章　模糊控制在电气自动化中的应用

在自动控制技术产生之前，人们在生产过程中只能采用手动控制方式。手动控制过程首先是通过观测被控对象的输出，其次是根据观测结果做出决策，然后手动调整输入。操作工人就是这样不断地观测，调整决策，实现对生产过程的手动控制。这三个步骤分别是由人的眼、脑、手来完成的。后来，由于科学和技术的进步，人们逐渐采用各种测量装置（如测量仪表、检测装置、传感器等）代替人的眼，完成对被控 PID 的观测任务；利用各种控制（如磁放大器、由直流运算放大器加阻容反馈网络构成的 PID 调节器等）部分地取代人脑的作用，实现比较、综合被控制量与给定量之间的偏差，控制器所给出的输出信号相当于手动控制过程中人脑的决策；使用各种执行机构（主要是电动的、气动的，如伺服电机、气动调节阀等）对被控对象（或生产过程）施加某种控制作用，这就起到了手动控制中手的调整作用。上述由测量装置、控制器、被控对象及执行机构组成的自动控制系统，就是人的常规负反馈控制系统。

经过人们长期研究和实践形成的经典控制理论，对于解决线性定常系统的控制问题是很有效的。然而，经典控制理论对于非线性时变系统难以奏效。随着计算机尤其是微机的发展和应用，自动控制理论和技术获得了飞跃的发展。基于状态变量描述的现代控制理论在解决线性或非线性、定常或时变的多输入多输出系统问题方面获得了广泛的应用，例如在阿波罗登月舱的姿态控制、宇宙飞船和导弹的精密制导以及在工业生产过程控制等方面得到了成功的运用。但是，无论采用经典控制理论还是现代控制理论设计一个控制系统，都需要事先知道被控制对象（或生产过程）的精确数学模型，然后根据数学模型以及给定的性能指标，选择适当的控制规律，进行控制系统的设计。然而，在许多情况下，被控对象（或生产过程）的精确数学模型很难建立。例如，有些对象难以用一般的物理和化学方面的规律来描述，有的影响因素很多，而且相互之间又有交叉耦合，使其模型十分复杂，难以求解以至于没有实用价值。还有一些生产过程缺乏适当的测试手段，或者测试装置不能进入被测试区域，致使无法建立过程的数学模型。像建材工业生产中的水泥窖、玻璃窖，化工生产中的化学反应过程，轻工生产中的造纸过程，食品工业生产中的各种发酵过程，还有为数众多的炉类，如炼钢炉的冶炼过程、退火炉温控制过程以及工业锅炉的燃烧过程等。诸如此类的过程变量多，各种参数又存在不同程度的时变性，且过程具有非线性、强耦合等特点，因此建立这一类过程的精确数学模型困难很大，甚至是办不到的。这样一来，对于这类对象或过程就难以进行自动控制。

与此相反，对于上述难以自动控制的一些生产过程，有经验的操作人员进行手动控制，却可以收到令人满意的效果。在这样的事实面前，人们又重新研究和考虑人的控制行为有什么特点，对于无法构造数学模型的对象，以期让计算机模拟人的思维方式进行控制决策。

控制论的创始人维纳在研究人与外界的相互作用的关系时曾指出："人通过感觉器官感知周围世界，在脑和神经系统中调整获得的信息。经过适当的存储、校正、归纳和选择（处理）等过程而进入效应器官反作用于外部世界（输出），同时也通过像运动传感器末梢这类传感器再作用于中枢神经系统，将新接受的信息与原储存的信息结合在一起，影响并指挥将来的行动。"正如维纳所描述的那样，人不断地从外界（对象）获取信息，再存储和处理信息，并给出决策反作用于外界（输出），从而达到预期目标。

人的控制行为，遵循的正是反馈及反馈控制的思想。人的手动控制决策可以用语言加以描述，总结成一系列条件语句，即控制规则。运用微机的程序来实现这些控制规则，微机就起到了控制器的作用。于是，利用微机取代人可以对被控对象进行自动控制。

描述控制规则的条件语句中的一些词，如"较大""稍小""偏高"等都具有一定的模糊性，因此用模糊集合来描述这些模糊条件语句，即组成了所谓的模糊控制器。1974 年，英国人马丹尼首先设计了模糊控制器，并用于锅炉和蒸汽机的控制，取得了成功。从此，模糊语言控制器、模糊控制论、模糊自动控制等概念相继出现并得到了深入系统的研究。

4.1　模糊控制的相关介绍

模糊控制属于计算机数字控制的一种形式，进而，模糊控制系统的组成类同于一般的数字控制系统，其系统框图如图 4-1 所示。

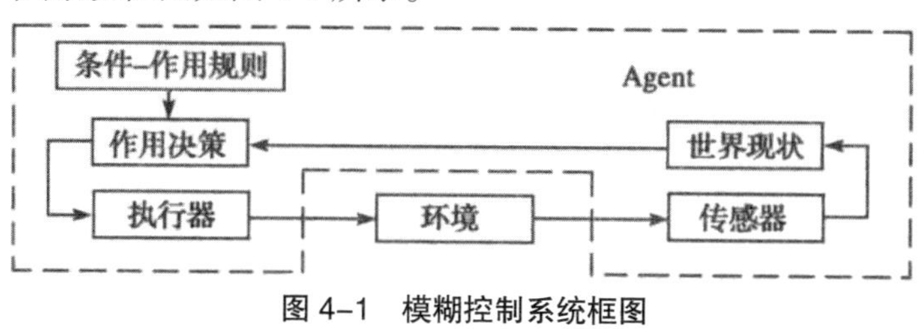

图 4–1　模糊控制系统框图

模糊控制系统一般可以分为四个组成部分：模糊控制器，输入 / 输出接口装置，广义对象，传感器。被控对象可以是线性或非线性的、定常或时变的，也可以是单变量或多变量的、有时滞或无时滞的以及有强干扰的多种情况。还需指出的是，被控对象缺乏精确数学模型的情况适宜选择模糊控制，但也不排斥有较精确的数学模型的被控对象也可以采用模糊控制方案。

4.1.1 一步模糊控制算法

模糊控制的基本原理可由图 4-2 表示，它的核心部分为模糊控制器，如图 4-2 中虚线框中部分所示。模糊控制器的控制规律由计算机的程序实现。实现一步模糊控制算法的过程是这样的：微机经中断采样获取被控制量的精确值，然后将此量与给定值比较得到误差信号 E（在此取单位反馈）。一般选误差信号 E 作为模糊控制器的一个输入量。把误差信号 E 的精确量进行模糊量化变成模糊量，误差 E 的模糊量可用相应的模糊语言表示。至此，得到了误差 E 的模糊语言集合的一个子集 e（P 实际上是一个模糊向量）。再由 e 和模糊控制规则 R（模糊关系）根据推理的合成规则进行模糊决策，得到模糊控制量 u 为

$$u=e \cdot R \tag{4-1}$$

式中，u 为一个模糊量。

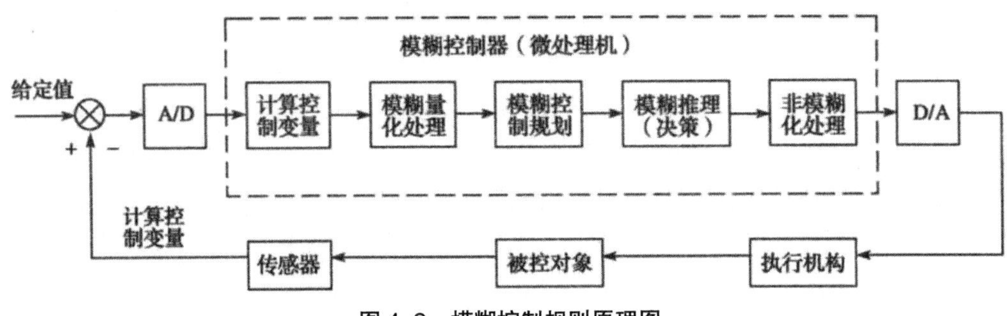

图 4-2　模糊控制规则原理图

4.1.2 模糊控制器设计

模糊控制器（Fuzzy Controller，FC）也称为模糊逻辑控制器（Fuzzy Logic Controller，FLC）。由于所采用的模糊控制规则是由模糊集合论中模糊条件语句来描述的，因此，模糊控制器是一种语言型控制器，故也被称为模糊语言控制器（Fuzzy Language Controller）。

在模糊控制系统中，模糊控制器是模糊控制系统的核心，一个模糊控制系统性能的优劣，主要取决于模糊控制器的结构、所采用的规则、合成推理算法以及模糊决策的方法等因素。模糊控制器的基本结构主要由模糊化、数据库、规则库、模糊推理和清晰化五部分构成。

4.1.3 模糊控制器设计要求

从系统的硬件结构来看，模糊控制系统与其他常规数字控制系统一样，是由控制器、执行机构、被控对象、敏感元件和输入输出接口等环节组成的。图 4-3 给出了传统数字闭环控制系统的优化设计过程示意图。在系统分析阶段，通过系统辨识或机理建模方式建立被控对象的数学模型，从而确定了被控对象的控制量与被控制量。在综合设计阶段，根据

对系统控制品质的要求、自动操作的约束条件和被控对象的数学模型，设计出相匹配的控制器，即定义控制器的结构和参数优化，然后编制实现算法和仿真试验验证。

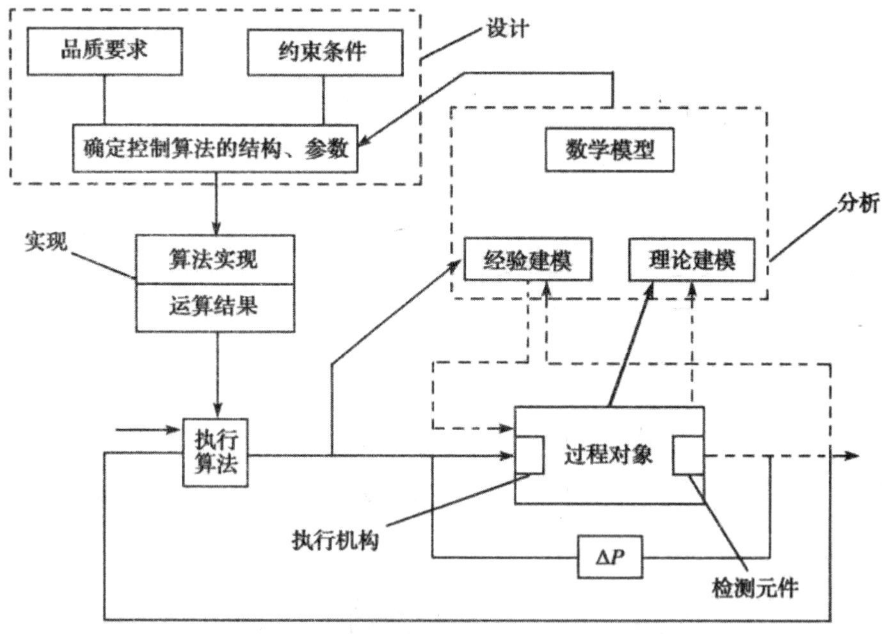

图 4-3　传统控制系统的原理图及设计过程示意图

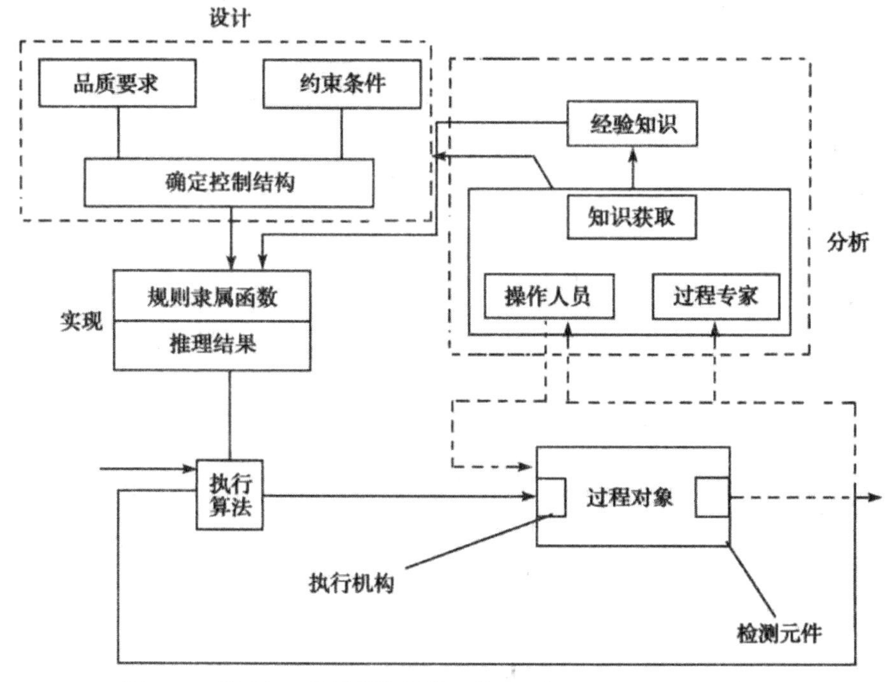

图 4-4　基于规则的模糊控制器系统原理框图及设计过程示意图

图 4-4 给出了基于规则的模糊控制器的设计原理图。与图 4-3 相比，在系统分析过程中，两者有较大差别。由于对象的复杂非线性，难以建立其精确的数学模型，所以有关对象知识的主要来源是领域专家或操作人员的知识和经验。但这些经验并不都是以某种现成的形式存

在于这些知识源中而可供挑选的。为了从中得到有用的知识，需要做大量的工作，即要把蕴含于知识源中的知识经过理解、选择、归纳等过程抽取出来，用于形成经验型的知识模型或知识库，这一过程称为知识获取，从而确定模糊控制器的输入变量和输出变量以及它们的数值变化范围。在系统综合设计阶段，需要根据实际问题进行具体分析，如自动操作的约束条件、工艺要求和控制品质要求等，然后确定模糊控制器的结构。这一步的工作是十分关键的，因为总体设计思想的正确与否关系到系统控制效果实现的成败。在控制器实现阶段，要对输入值和输出变量的隶属函数进行定义，建立控制，进行运算子的确定和选择清晰化的方法，然后对它们进行模糊化、模糊推理和清晰化操作，从而实现模糊控制。最后进行离线仿真研究和在线实时模拟试验，检验所设计的模糊控制器是否达到预定的控制目标。如果没有达到要求，就要对控制器的结构、隶属函数、推理方法等进行重新设计或调整。图 4-5 给出了模糊控制器的设计流程图。

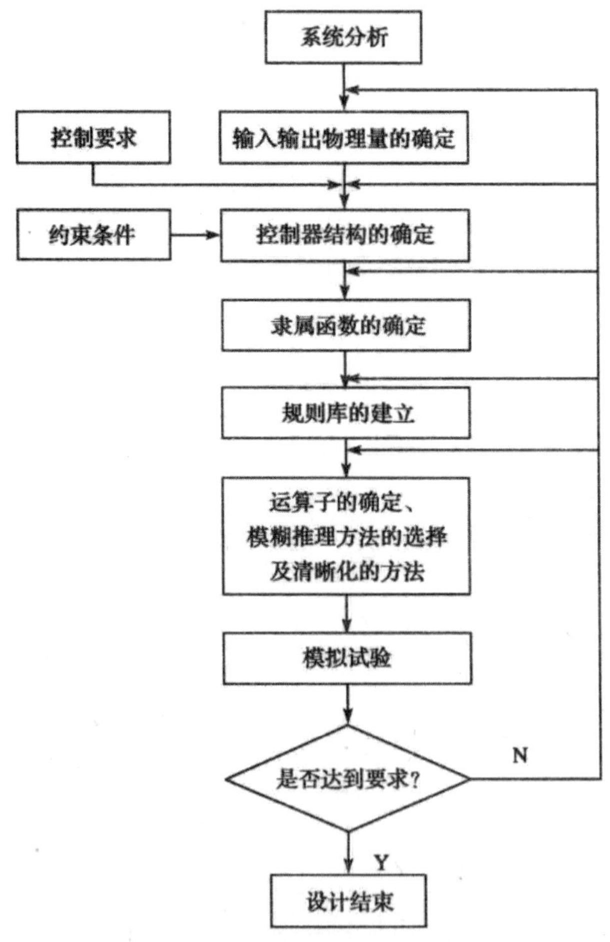

图 4–5　模糊控制器的设计流程

4.1.4 模糊控制规则及控制算法

（1）模糊控制规则的生成

在设计模糊控制规则时，必须考虑控制规则的完备性、交叉性和一致性。所谓完备性，是指对于任意的给定输入，均有相应的控制规则起作用。要求控制规则的完备性是保证系统能被控制的必要条件之一。如果控制器的输出值总由数条控制规则决定，说明控制规则之间是相互联系、相互影响的，这就是控制规则之间的交叉性，它可以产生复杂的控制曲面，得到更好的控制性能。规则的一致性是指控制规则中不存在相互矛盾的规则。如果两条规则的条件部分相同，但结论部分相差很大，那么称两条规则相互矛盾。实际中，应避免相互矛盾的规则出现。

对于一个典型的模糊控制系统，控制规则的条件部分使用两个变量——偏差 e 和偏差变化率 Δe，结论部分由模糊控制器的类型而定。模糊控制器有位置式和速度式两种类型，位置式模糊控制器相当于 PD 型（比例、微分）控制器，而速度型模糊控制器相当于 PI 型（比例、积分）控制器。相对于位置型，速度型的模糊控制器设计更容易些。

模糊控制规则的生成大致有四种方法，即根据专家经验或过程控制知识生成控制规则、根据过程模糊模型生成控制规则、根据对手工控制操作的系统观察和测量生成控制规则以及根据学习算法生成控制规则。

（2）模糊控制规则的优化

模糊控制规则的优化在本质上就是要解决控制规则的数量与质量问题，就是要建立合适的规则数目和正确的规则形式，并给每条控制规则赋予适当的权系数，或称置信度。

对于一个二输入、一输出的模糊控制器来说，在初次设计时，人们往往将语言变量的级数定得太多，即分档过细。若并没有足够的控制规则知识，就会出现规则数目太多导致控制质量下降的结果。若将每个输入变量划分成五级，则可形成 25 条规则；若每个输入变量划分的级数增加到七级，则规则数目就以级数的平方关系增至 49 条。如果条数太多，就会出现功能上相近的规则，造成处理上的麻烦和运算上的时间消耗。同样，如前所述，规则数目太少，可能造成未定义的盲区，使控制器没有输出。所以，模糊控制规则的条数优化是十分重要的。

控制规则的质量是指规则前件（前提条件）和后件（结论）之间的推理关系是否处于最合理的状态，不同规则之间是否存在矛盾，这些都是需要鉴定的问题。规则的质量对于控制品质的优劣起着关键性作用。

（3）模糊控制算法

模糊控制算法的目的，就是从输入的连续精确量中，通过模糊推理的算法过程，求出相应的清晰值的控制算法。模糊控制算法有多种实现形式。为了便于在数字计算机中实现，同时考虑算法的实时性，模糊控制系统目前常采用的算法有 CRI 推理的查表法、CRI 推理的解析公式法、Mamdani 直接推理法、后件函数法等。

4.2 T–S 模糊控制的相关介绍

T-S 模糊模型是由日本学者 Takagi 和 Sugeno 于 1985 年首先提出的。该模型最初被用来辨识非线性系统，随后被用于非线性系统的控制中。T-S 模糊模型与 Mamdani 模糊模型既有区别又有联系：相同之处是两种模糊模型的前件部分都采用模糊语言变量描述；不同之处是 T-S 模糊模型的后件部分不是模糊的，而是输入变量的线性组合，表示系统局部的线性输入输出关系。值得注意的是，当后件部分为单点模糊数时，T-S 模糊模型可认为是 Mamdani 模糊模型的一种特例。T-S 模糊模型不仅可以方便地进行非线性系统的建模和非线性系统的控制设计，而且可以克服 Mamdani 模糊模型的一些固有缺点，因此吸引了国内外众多学者的研究兴趣。随着研究的推进，T-S 模糊模型的后件部分又被推广成了状态方程的形式。采用状态方程作为 T-S 模型的后件，不仅可以扩大描述被控对象的范围，而且可以方便地用于多变量系统的控制中，因此成为目前研究的主流。

基于模型的模糊控制系统不仅开创了模糊模型辨识的一整套方法，同时也为模糊控制系统的稳定性分析提供了基础。之后有学者基于 Lyapunov 直接法对 T-S 模型给出了系统的稳定性判定条件。该方法要求对所有的规则存在一个满足 Lyapunov 方程的公共正定矩阵，以使模糊控制系统全局渐近稳定。1996 年，一些学者利用并行分布补偿（PDC）的概念提出了 T-S 模糊闭环系统的稳定设计方法，其稳定性判定条件要求判定公共正定矩阵的存在，把稳定性分析等价于线性矩阵不等式（LMI）问题，并且最终可用凸规划技巧得以有效解决。此后，该方法得到了广泛的应用，使得系统的稳定性分析和其他性能指标的设计都可以统一到一系列等价的 LMI 凸优化问题中，为建立模糊控制理论的系统化设计方法奠定了基础。

T-S 模糊模型提供了一种描述复杂非线性系统的方法，它采用一系列线性系统来描述非线性系统的局部特性，然后通过非线性隶属度函数将它们连接起来构成整体的非线性。T-S 模糊模型能使已有的控制理论与技术被有效地应用到模糊控制系统中来，为模糊控制系统进行稳定性分析和控制器设计提供了一个系统化的处理框架。

目前，模糊理论模型主要有模糊关系模型、Takagi-Sugeno 模糊线性函数模型和模糊神经网络模型等。模糊关系数据模型是传统关系数据模型的语义扩充，是一种更为深刻、更接近自然语言和现实世界的初能化语义模型。在模糊关系的操作方面，尤其是在模糊约束条件下的更新，国内外的研究甚少，比传统的关系数据操作有更多的复杂性，这种复杂性主要来自属性值自身的模糊性和元组所遵从的模糊环境下的条件约束。另外，基于模糊关系模型的方法使用简单，概念清楚，但辨识结果的精度较差，需要不断地改进，提高自学习和优化能力。

T-S 模型应用得比较广泛，具有很多优点，由于其规则前件是模糊变量，而结论部分是输入输出线性函数，它以局部线性化为基础，通过模糊推理方法实现了全局的非线性。由于这种模型使用了局部线性化函数，能克服以往模糊模型的高维问题，因此已成为人们广泛使用的模糊模型。

T-S 模糊模型是一种非线性模型，易于表示复杂系统的动态特征。对于非线性系统不同区域的动态，可以利用 T-S 模糊模型建立局部线性模型，然后把各个局部线性模型用模糊隶属函数连接起来，得到整体的模糊非线性模型，并基于此模型进行复杂系统的控制设计及其分析。下面简要介绍 T-S 模糊系统的结构、模糊控制器的设计以及模糊系统的稳定性分析方法。

4.2.1 T–S 模糊模型的概述

和神经网络、小波级数、多项式函数一样，作为复杂非线性系统建模工具之一的模糊控制技术，近年来在控制理论和工程实践方面得到了很大的发展。尤其是 T-S 模糊模型，给模糊控制理论的研究及应用带来了深远的影响，同时也使模糊控制系统的稳定性分析上升到一个新的理论高度。T-S 模糊模型由一组“IF…THEN…”规则组成，每一条规则代表非线性系统的一个子系统，用以描述每个局部区域的动态特性。它以局部线性化为基础，通过模糊推理的方法实现系统全局的非线性。理论上已经证明，采用 T-S 模糊模型描述的模糊逻辑系统在致密集上能以任意精度逼近任何连续或离散函数。基于该模型，可以把线性控制理论中的稳定性分析和综合方法应用于模糊系统，从而使模糊控制器的设计有完整的理论支撑。下面以连续非线性系统为例，介绍 T-S 模糊模型的结构。

对于一类描述动态过程的非线性系统，有

$$\dot{x}(t) = f(x) + g(x)u(t) \tag{4-2}$$

式中，$x(t) \in R^n$ “为系统的状态向量，$u(t) \in R^m$ 为系统的控制输入，$f(x)$ 和 $g(x)$ 为非线性光滑向量函数。

若采用 T-S 模糊模型来描述上述非线性系统，则该系统的第 i 条模糊规则可表示成：

$$\left.\begin{array}{l}\text{Plant Rule } i\text{:} \\ \text{IF } z_i(t) \text{ is } M_{i1} \text{ and} \ldots \text{and } z_p(t) \text{ is } M_{ip} \\ \text{THEN } \dot{x}(t) = A_i x(t) + B_i u(t)\ ,\ i = 1,\quad 2,\ \cdots,\ r\end{array}\right\} \tag{4-3}$$

式中，M_{ij}（j=1，2，…，p）为模糊集合；r 为模糊推理规则数；$z_1(t)$，$z_2(t)$，…，$z_p(t)$ 为已知的模糊前件变量，它可以是状态变量、外部干扰、时间函数或者这些向量的某种组合，但假设其不是控制输入 $u(t)$ 的函数，因为这样可以避免在控制器设计时复杂的解模糊化过程；$A_i \in R^{n\times m}$ 和 $B_i \in R^{n\times m}$ 分别为对应于第 i 个子系统的具有适当维数的常数矩阵。

对于给定的数对（$x(t)$，$u(t)$），采用单点模糊化、乘积推理和加权平均反模糊化的推理方法，可得模糊系统的整个状态方程如下：

$$\dot{x}=\sum_{i=1}^{r}h_i(z(t))\left[A_ix(t)\ +B_iu(t)\right] \tag{4-4}$$

式中，$z(t)=[z_1(t), z_2(t), \cdots, z_p(t)]^{\mathrm{T}}$，且

$$h_i(z(t))=\frac{u_i(z(t))}{\sum_{i=1}^{t}u_i(z(t))}，\ u_i(z(t))=\prod_{j=1}^{p}M_{ij}(z_j(t))\ \ (i=1, 2, \cdots, r)$$

其中，$M_{ij}(z_j(t))$ 为 $z_j(t)$ 关于模糊集合 M_{ij} 的隶属函数，$u_i(z(t))$ 为第 i 条规则的隶属度。显然，$u_i(z(t))$ 满足

$$u_i(z(t))\geqslant 0,\sum_{i=1}^{t}u_i(z(t))=1\ \ (i=1, 2, \cdots, r)$$

因此，归一化后的模糊隶属函数满足

$$h_i(z(t))\geqslant 0,\sum_{i=1}^{t}h_i(z(t))=1\ \ (i=1, 2, \cdots, r)$$

由于 T-S 模糊模型的规则后件采用的是线性系统模型，因此，式（4-4）会与一些线性系统在形式上存在相似之处，如线性时变系统、具有凸多面体不确定参数的线性系统以及线性切换系统等。但由于 T-S 模糊系统本身是一种非线性动态系统，因此又与上述线性系统存在着本质上的区别，具体表现在以下几方面。

（1）与线性时变系统的区别

假定令式（4-4）中的 $\sum_{i=1}^{t}h_i(z(t))A_i=A(t)$ ，$\sum_{i=1}^{t}h_i(z(t))B_i=B(t)$，则式（4-4）就具有与线性时变系统相同的表达形式。如果对式（4-4）施加一个有效的控制量，那么 $A(t)$ 和 $B(t)$ 就会在模糊函数 $h_i(z(t))$ 的作用下逐渐趋向于一个定常矩阵 A，促使控制系统达到平衡状态。而当有扰动或不确定性存在时，$A(t)$ 和 $B(t)$ 又会向着新的平衡点移动，因此，模糊隶属函数 $h_i(z(t))$ 的变化具有方向性。相反，线性时变系统的变化却是无方向的。正是由于这个特性，使得 T-s 模糊系统具有很强的抗干扰能力。

（2）与具有凸多面体不确定参数的线性系统的区别

如果将式（4-4）看作具有凸多面体不确定参数的线性系统，那么此时的模糊隶属函数 $h_i(z(t))$ 表示凸多面体不确定参数各顶点间的关联系数。值得注意的是，对于式（4-4）来说，在任意时刻 t，模糊隶属函数 $h_i(z(t))$ 都是可知的，由此设计出的模糊控制器可实现对复杂非线性系统的控制。相反，对于具有凸多面体不确定参数的线性系统来说，不确定参数各顶点间的关联系数在任意时刻 t 都是无法获知的，所以只能设计保证各顶点系统稳定的线性反馈控制器，其结果无法推广到非线性控制系统。

（3）与线性切换系统的区别

线性切换系统是通过一个事先给定的切换函数来决定系统状态变化规律的，即在某一确定时刻，系统的状态方程非此即彼，中间没有任何过渡过程。而在式（4-4）中，系统矩阵 $A(t)$ 和输入矩阵 $B(t)$ 是在一定范围内连续变化的，不存在系统参数在任意两个相邻时刻突然跳变的现象。从某种意义上说，这可以看作一种软切换，因此这在很大程度上消除了切换系统在切换过程中对系统稳定性的破坏作用。

综上所述，对 T-S 模糊模型的研究不同于以上其他类型的系统，有其自身独特的方法，但可以从这些系统的研究方法中寻求思路，获取新的处理方法。

4.2.2 T-S 模糊模型的构造

模型是进行控制与稳定性分析的基础，而建模则是根据系统的输入输出数据和被控对象的定性分析得到其数学模型的过程。目前，模糊建模的方法主要有两种：一种是根据系统的输入输出数据建立，该方法主要适用于结构和参数不清楚的系统；另一种则直接由系统的非线性方程来构造，在该方法中，系统的非线性方程一般可通过对系统各部分运动机理的分析，并根据其所依据的物理规律或化学规律来确定。由于这种建模方法物理概念清楚、物理意义明确，因此适用于结构和参数已知的系统。下面主要根据已知的非线性系统方程，讨论 T-S 模型的构造问题。直接根据系统的非线性方程获得模糊模型的方法，一般可基于“扇区非线性”思想、“局部近似”思想或这两种思想相结合的方式来实现。

（1）“扇区非线性”思想

利用“扇区非线性”特性来构造模糊模型的思想最早是由 Kawamoto 等提出的。对于一个简单的非线性系统 $\dot{x}(t)=f(x(t))$，其中，$f(0)=0$，该思想的主要目的是在全局范围内找到一个扇形区域，使得，$\dot{x}(t)=f(x(t))\in[a_1,\ a_2]x(t)$，$a_1$，$a_2$ 分别表示该扇区边界直线的斜率。虽然这种方法可以获得比较精确的模糊模型，但对多数非线性系统来说，要找到这样的全局扇区有时是非常困难的。考虑到实际系统中变量一般都有一定的变化范围，因此，可以采用局部扇区代替全局扇区的方法对系统进行模糊建模。

（2）“局部近似”思想

“局部近似”思想主要是指在非线性系统的不同工作点处，用一个线性模型来描述非线性系统的动态特性。有文献指出，利用 Taylor 线性化方法构造局部模型时，只有在非线性系统的零平衡点处，即$(x_0^T,\ u_0^T)=(0^T,\ 0^T)$处，才能获得关于 $x(t)$ 和 $u(t)$ 的线性模型，并将此作为 T-S 模糊模型的后件部分；而在系统的其余工作点（包括非零平衡点）处，一般来说，Taylor 线性化结果只能得到关于 $x(t)$ 和 $u(t)$ 的仿射模型。为了获得非线性系统在非零工作点处的线性模型，有文献给出了一种新的系统局部模型的构造方法，现总结如下。

在系统的平衡点$(x_0^T,\ u_0^T)=(0^T,\ 0^T)$处，可利用 Taylor 线性化方法构造系统的局部模

型。此时，T-S 模型中的系数矩阵 A_i 和 B_i。分别为 $A_i=\left.\frac{\partial F(x,\ \mu)}{\partial x}\right|_{\substack{x=x_0\\u=u_0}}$，$B_i=\left.\frac{\partial F(x,\ \mu)}{\partial x}\right|_{\substack{x=x_0\\u=u_0}}$。

其中，$F(x),\ u)=f(x)+g(x)u(t)$。在系统的其余工作点处，T-S 模型中的系数矩阵 A_i 和 B_i 则可通过以下公式得到：

$$a_k^i=\nabla f_k(x_0^i)+\frac{f_k(x_0^i)-x_0^{iT}\nabla f_k(x_0^i)}{\left\|x_0^i\right\|^2}(x_0^i\neq 0)$$

$$B_i=g(x_0^i)$$

式中，x_0^i 表示系统第 i 个子系统的工作点，a_k^i 表示矩阵 A_i 的第 k 列元素，$f_k(g)$ 表示 $f(g)$ 中的第 k 个元素。

4.2.3 模糊控制器的设计

基于 T-S 模糊模型的控制器设计，现有的研究结果中更多地采用的是并行分布补偿（PDC）的设计方法。该思想最先是由 Sugeno 和 Kang 提出的，之后有学者对其进行了概括总结。图 4-6 给出了并行分布补偿原理的直观表示。

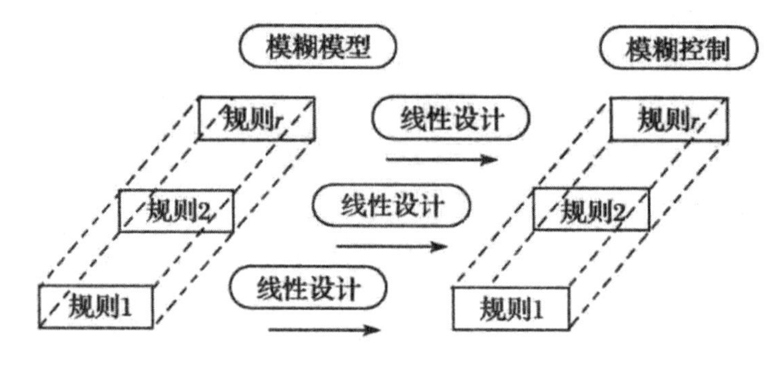

图 4–6　并行分布补偿原理

在 PDC 控制器的设计过程中，每一条控制模糊规则的前件与相应的系统模糊规则的前件相同，对每一规则对应的线性子系统设计一个状态反馈控制律，然后通过模糊加权得到全局系统的控制律。权函数的存在，使得 PDC 控制器本质上是一个非线性控制器。

假设式（4-4）的状态可通过测量直接得到，则根据并行分布补偿算法，可如下设计局部状态反馈控制律：

$$\left.\begin{array}{l}\text{Controller Rule } i\text{:}\\ \text{IF } z_i(t) \text{ is } M_{i1} \text{ and…and } z_p(t) \text{ is } M_{ip}\\ \text{THEN } u(t)=K_i x(t)\ ,\ i=1,\ \ 2,\ \cdots,\ r\end{array}\right\}\qquad(4\text{-}5)$$

式中，$K_i\in R^{n\times m}$ 为待定的状态反馈增益矩阵 Q

从而，整个系统的控制规律为各个子系统局部状态反馈控制的加权和，即

$$u(t)=\sum_{i=1}^{r}h_i(z(t))K_ix(t) \tag{4-6}$$

不难看出，模糊控制器设计的关键在于求解出状态反馈增益矩阵 K_i。与其他非线性控制器的设计方法相比，PDC 控制器结构简单，物理意义明确，而且易于实现，为非线性系统控制器的设计提供了一个自然直观的设计框架。

与以往模糊控制器主要依赖于个人操作者的经验不同，PDC 控制器设计方法不会因为设计者的不同而导致模糊控制器性能的不一致。应用这种方法，还可引入控制系统的其他性能指标约束，并最终将稳定性和控制性能约束问题统一到一系列 LMI 的凸优化问题中，为建立模糊系统的系统化设计方法奠定基础。

4.3　基于 T-S 模型的 UPFC 及其在多机电力系统中的应用

柔性交流输电系统（FACTS）的概念是设想使用固态的控制器通过迅速可靠的控制实现电力系统操作的灵活性。在电力传输系统中应用柔性交流输电装置的一个最大的优点是：在有故障的时候通过控制线路中的实际潮流和无功潮流来增强电力系统的暂态稳定性。统一潮流控制器（UPFC）是最通用的 FACTS 控制器之一，其主要功能是注入可以控制的串联电压（相对于安装位置处的母线电压的幅值和相角），从而调节线路电抗以控制传输线中的潮流。两个电压源逆变器通过充电到直流电压的电容器连接以实现 UPFC。一号变流器是一个并联变流器，从电源吸收实际功率用来与串联变流器进行交换。保持并联变流器和串联的变流器之间的功率平衡，进而保证通过直流电容器上的电压为常值。

由于 UPFC 能提供平滑的响应，一种忽略切换细节的解析模型足以用于研究低频电机振荡。为了控制注入电压源的大小和相角，传统的控制方法是利用 PI 调节器来控制电压的同步和电压的正交分量（相对于线电流）。有功和无功功率参考值可从稳态的潮流要求中计算得到，并用来实现 UPFC 控制。随着母线电压的调节，控制 UPFC 的并联变流器向直流电容器提供常值电压，这一点可通过 PI 调节器控制并联电流（相对于 UPFC 安装位置处的母线电压而言）的同步和正交分量来实现。

众所周知，PI 调节器在大范围变化的电力系统运行条件下不能很好地阻尼机电振荡。模糊逻辑控制器已经很好地应用于同步发电机的励磁控制、静态无功补偿系统、连续电抗转换控制和 UPFC 的串 / 并电压源变流器的控制。模糊逻辑方法提供了非线性无模型的控制器设计，并可以协调串联和并联变流器的控制。马丹尼型模糊逻辑控制器不能为 UPFC 提供大范围的控制增益使其运行在阻抗补偿器、相角控制器或电压调节器状态。相对比而言，T-S 型模糊控制器可以提供大范围变化的控制增益，并且可以在模糊规则的后件表示中使用线性和非线性规则。基于此，下面主要介绍利用 T-S 模糊控制器进行多机电力系统条件下的 UPFC 的串联和并联电压源逆变器的调节设计，该方法可阻尼多机电力系统的互联区域模式振荡和局部区域模式振荡。

4.3.1 系统模型

图 4-7 展示了一类多机电力系统，表示了由三阶模型描述的同步发电机组，每台发电机配备了一套简单的自动电压调节器（AVR）。描述电机动态特性的微分方程组列于后面的附录 B 中，其中没有考虑阻尼绕组的作用，因为这里主要研究的是 UPFC 控制器的性能。第二台发电机（M-2）配备了一个传统的电力系统稳定器（PSS）用来阻尼本地模式下的小振荡。

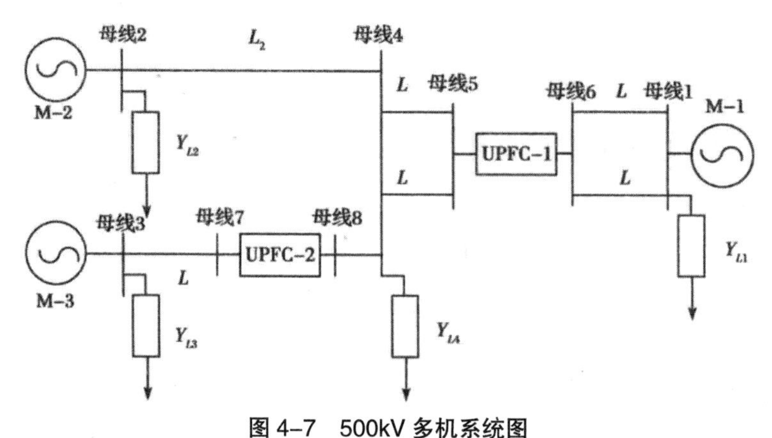

图 4–7 500kV 多机系统图

UPFC 是最通用的 FACTS 装置之一，利用串联注入电压可独立地控制线路中的有功和无功功率。需要注意的是，UPFC 利用电压源变流器（所有的应与图中的名称统一）进行串联电压注入以及并联电流控制。注入的串联电压可分成两部分：与线电流同相的分量（实际电压）及与线电流正交的分量（无功电压）。改变线路的串联电抗能有效地控制实际功率。两个电压源变流器（变流器 1 和变流器 2）通过普通直流电容器连接（见图 4-8）。并联变流器的作用是：通过直流电容器的连接，使得串联变流器的实际功率流通循环。这两个变流器能够独立地向系统吸收或注入无功功率。在两个变流器之间实现精确实际功率平衡的 UPFC 模型示于附录 C。实际上，假定两个变流器之间精确的功率平衡是不可能的，因为两个变流器是独立控制的。这样需要修改注入电压模型，以考虑实际功率的不匹配性。

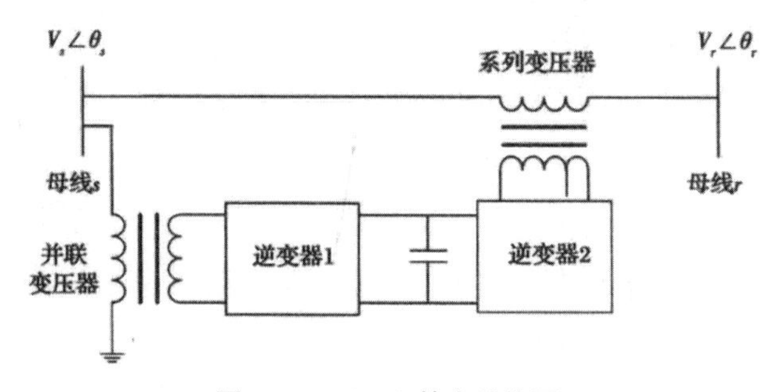

图 4–8 UPFC 基本结构图

令与电压 V_S 同相位的电流 I_S 为从并联变流器吸收的电流，则变流器 1 的实际功率为

$$P_{\text{conv1}} = |V_{\text{s}}| \times I_{\text{s}} \tag{4-7}$$

在母线 S 处，上述功率被加到串联电压源注入模型的吸收的实际功率中。这样，新的注入模型如图 4-9 所示，ρ 定义为 $|V_c|/|V_S|$，α 是 V_c 与 V_S 之间的相位差，则：

$$P_s = \rho B_{se} |V_s|^2 \sin\alpha + |V_s| \cdot I_s Q_s = \rho B_{se} |V_s|^2 \cos\alpha$$

$$P_r = -\rho B_{se} |V_s| \cdot |V_r| \sin(\theta_{sr} + \alpha) \ Q_r = -\rho B_{se} |V_s| \cdot |V_r| \cos(\theta_{sr} + \alpha)$$

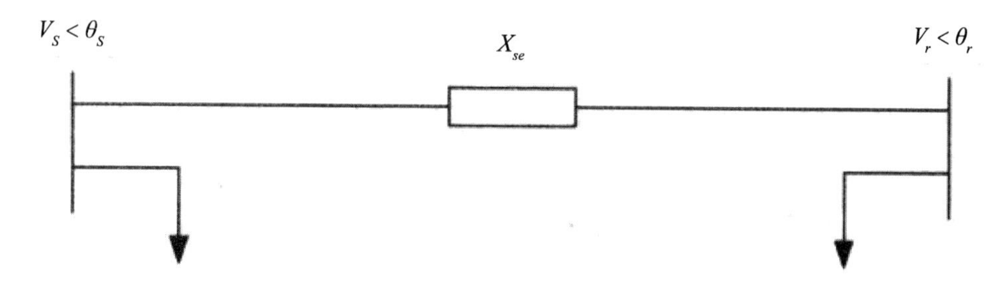

图 4–9　UPFC 注入模型

由于两个变流器之间实际功率的不匹配，直流连接电容电压不是恒定的。忽略损耗的直流电容器电压动态特性可描述如下：

$$\begin{aligned} pV_{\text{dc}} &= \frac{1}{C_{eq} V_{\text{dc}}} (P_{\text{conv1}} - P_{\text{conv2}}) \\ C_{eq} &= C \cdot V_{\text{dcbase}}^2 / VA_{\text{base}} \end{aligned} \tag{4-8}$$

式中，C 等于直流电容器电压的幅值，p 为微分算子 d/dt。

图 4-9 的注入模型用于更改多机电力网络的导纳矩阵（Y- 母线）。在 UPFC 的第 5 条母线和第 r 条母线处的可控负荷是

$$L_s = \frac{P_s - jQ_s}{|V_s|^2}, \ L_T = \frac{P_r - jQ_r}{|V_T|^2} \tag{4-9}$$

在仿真时，将这些可控导纳添加到具有 UPFCs 的电力网络的 Y- 母线矩阵的 Yss 和 *Yrr* 元素中。

传输线的电抗控制着实际的潮流，因此，在串联变压器之后，从传输线的实际功率偏差（$P_{\text{ref}} - P$）产生了与线电流正交的串联注入电压的分量 V_{cr}。串联注入电压的同相分量 V_{cp}，在串联变压器之后，既可由传输线的无功偏差（$Q_{\text{ref}} - Q$）产生，也可由母线的电压偏差（$V_{\text{ref}} - V$）产生。这里为说明问题，仅考虑无功偏差引起的情况。幅值比（ρ）和相位差（α）计算如下：

$$\left.\begin{aligned} \rho &= \frac{\sqrt{V_{cp}^2 + V_{cr}^2}}{|V_s|} \\ \alpha &= \arctan(\frac{V_{cr}}{V_{cp}}) - \arctan(\frac{I_{rd}}{I_{rp}}) + \arctan(\frac{V_{sd}}{V_{sq}}) \end{aligned}\right\} \tag{4-10}$$

其中，I_{rd} 和 I_{rq} 分别为串联变压器之后的 d 轴和 q 轴的传输线电流；V_{sd} 和 V_{sq} 分别为 UPFC 的第 s 条母线的 d 轴和 q 轴的电压。在 d-q 参考框架下的详细向量图如图 4-10 所示。

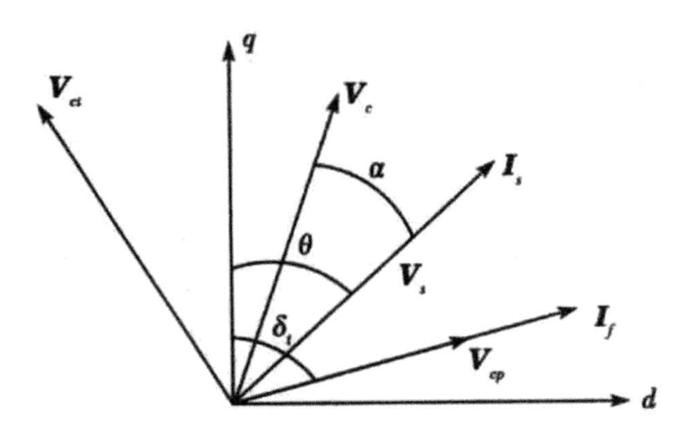

图 4–10　向量图

为了保持直流电容器电压恒定，应用下面形式的 PI 控制器来控制并联电流：

$$I_S = (K_{pdc} + \frac{K_{idc}}{p})\ \Delta V_{dc} \tag{4-11}$$

其中，$\Delta V_{dc} = (V_{dcref} - V_{dc})$。

4.3.2 T–S 模糊控制器的设计

无论哪一种模糊类型，模糊控制器就是传统的非线性控制器，并通过适当的试错构造就能够产生满意的控制效果。T-S 模糊控制器在规则后件上不同于马丹尼型模糊控制器。通过调节后件中的参数，T-S 模糊控制器的语言规则后件是可变的。由于规则后件是可变的，T-S 模糊控制器能产生无穷多个增益变化特性。本质上，T-S 模糊控制器能够对一大类非线性控制问题提供更多、更好的解决途径。串联电压源的有功（V_{cp}）和无功分量（V_{cr}）可以通过有功和无功偏差分别控制。有功和无功偏差可利用两个输入模糊集 P（正）和 N（负）进行模糊化。用于正集的模糊隶属度函数是

$$u_p(x_i) = \begin{cases} 0, & x_i < -L \\ \dfrac{x_i + L}{2L}, & -L \leqslant x_i \leqslant L \\ 1, & x_i > L \end{cases} \tag{4-12}$$

其中，$x_i(k)$ 为在第尼采样时刻模糊控制器的输入，表示如下：

$$
\begin{aligned}
&x_1(k)=e(k)=P_{\text{ref}}-P \text{ 或 } Q_{\text{ref}}-Q \\
&x_2(k)=\int e(k) \text{ 或 } \dot{e}(k)
\end{aligned}
\tag{4-13}
$$

对于负集，其隶属度函数为

$$
u_N(x_i)=\begin{cases} 0, & x_i<-L \\ \dfrac{-x_i+L}{2L}, & -L\leqslant x_i\leqslant L \\ 1, & x_i>L \end{cases}
\tag{4-14}
$$

x_1 和 x_2 的隶属度函数示于图 4-11 中。L_1 和 L_2 的值是基于有功和无功误差、误差积分或误差导数的最大值来进行选择的。T-S 模糊控制器采用如下四种简化的模糊规则：

①如果 $x_1(k)=P$，$x_2(k)=P$，那么

$$u_1(k)=K_1[a_1\cdot x_1(k)]+a_2\cdot x_2(k)+a_3\cdot x_1(k)\cdot x_2(k)];$$

②如果 $x_1(k)=P$，$x_2(k)=P$，那么，$u_2(k)=K_2u_1(k)$；

③如果 $x_1(k)=N$，$x_2(k)=N$，那么，$u_3(k)=K_3u_1(k)$；

④如果 $x_1(k)=N$，$x_2(k)=N$，那么，$u_4(k)=K_4u_1(k)$。

其中，u_1，u_2，u_3，u_4 表示 T-S 模糊控制器的后件结果。

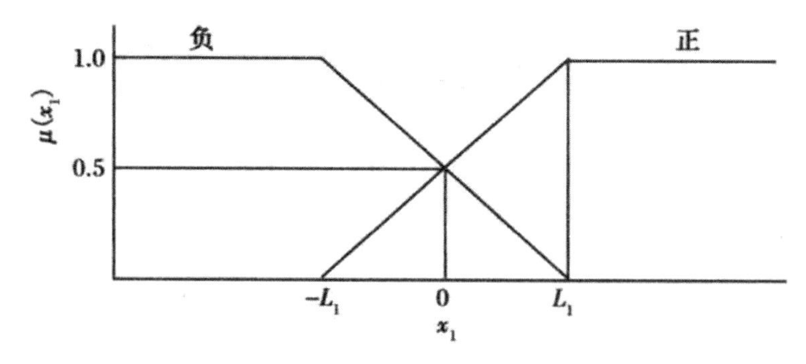

（a）x_1 的隶属度函数

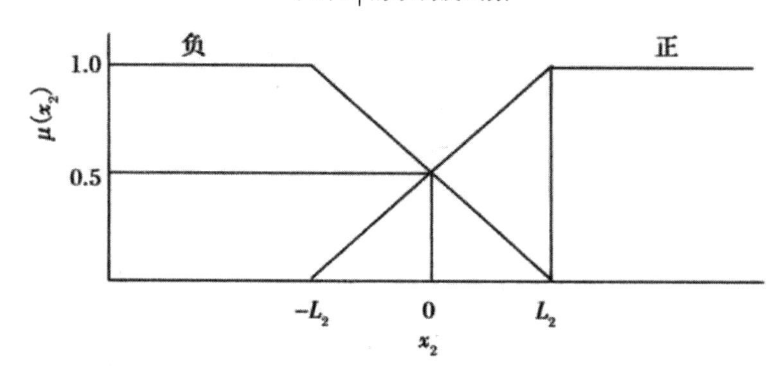

（b）x_2 的隶属度函数

图 4-11　隶属度函数

用扎德规则做 AND（与）操作和一般的去模糊化，T-S 模糊控制器的输出是

$$u(k)=\frac{\sum_{j=1}^{4}(\mu_j)^{\gamma}\mu_j(k)}{\sum_{j=1}^{4}(\mu_j)^{\gamma}} \tag{4-15}$$

但是，对于 $\gamma=1$ 的情况，对 u（k）用重心解模糊化方法，得到下式：

$$u(k)=a\cdot x_1(k)+b\cdot x_2(k)+c\cdot x_1(k)\cdot x_2(k) \tag{4-16}$$

其中，$a=a_1K$，$b=a_2K$，$c=a_3K$，且

$$K=(K_1u_1+K_2u_2+K_3u_3+K_4u_4)/(u_1+u_2+u_3+u_4) \tag{4-17}$$

$\int e$（k），的值可看作 $\sum e$（k），e（k），可看作偏差 Δe（k），以用于实施控制。利用误差和 $[\sum e(k)]$ 或者利用误差偏差 $[\Delta e(k)]$ 的两个控制策略分别示于图 4-12 和图 4-13。上面的 T-S 模糊控制器是高度非线性可变增益控制器，其系数 a_1，a_2，a_3 可产生大范围的控制器变化增益。

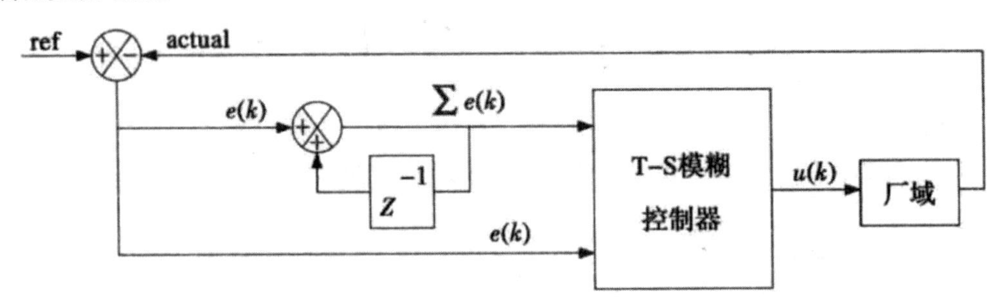

图 4–12 基于误差和积分误差的 T–S 模糊控制器

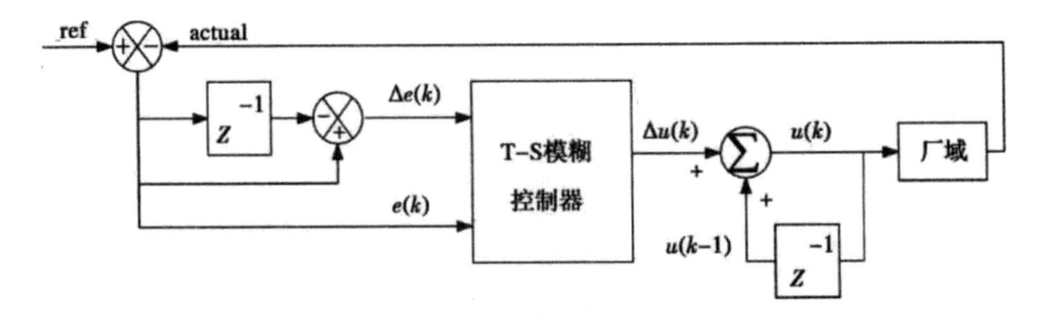

图 4–13 基于误差和误差微分的 T–S 模糊控制器

当 PI 调节器用于控制 V_{cp} 和 $V_{c\gamma}$ 的情况时，此时的方程为

$$\left.\begin{aligned}V_{cp}&=(K_{PP}+\frac{K_{iP}}{P})\ \Delta Q\\ V_{c\gamma}&=(K_{P\gamma}+\frac{K_{i\gamma}}{P})\ \Delta P\end{aligned}\right\} \tag{4-18}$$

其中，$\Delta P=P_{ref}-P$，$\Delta Q=Q_{ref}-Q$。

4.3.3 仿真结果

T-S 模糊控制器在阻尼互联区域（发电机 2 和发电机 1 在速度上存在差异）模式和局部模式（发电机 2 和发电机 3 在速度上存在差异）的性能在如式（4-8）所示的多机电力系统上进行了测试，其中，多机电力系统存在不同的暂态干扰，如不同位置处的故障、局部负载的突然变化、机械功率输入的变化等。三台发电机的容量为

$$P_1=4.4120,\ Q_1=1.9634,\ P_2=1.3,\ Q_2=0.1,\ P_3=1.3,\ Q_3=0.15$$

功率的单位为 p.u.。电机 M-l 选作参考电机。观察不同干扰下的系统响应来评价 T-S 模糊控制器的性能，并与传统的 PI 调节器进行对比。基于发电机 M-1 和 M-2 之间以及发电机 M-2 和发电机 M-3 之间的转速差的代数和的调制信号被用来阻尼电力系统的振荡。此时，对于 UPFC-1，信号 ΔP 由下式代替：

$$\Delta P+K_{\omega1}(\omega_2-\omega_1)+K_{\omega2}(\omega_3-\omega_1) \tag{4-19}$$

对于 UPFC-2，信号 ΔP 由下式代替：

$$\Delta P+K_{\omega3}(\omega_3-\omega_2) \tag{4-20}$$

在式（4-19）和式（4-20）中使用的辅助信号的系数是通过试错法在 $K_{\omega1}$=1.0，$K_{\omega2}$=0.5，$K_{\omega3}$=1.4 处得到的最优值。UPFC-1 的直流电压调节器的比例和积分增益分别取作 2.0 和 10.0，而 UPFC-2 的比例和积分增益分别取为 0.5 和 2.0。

带误差积分的 T-S 模糊控制策略（图 4-12）记为 TSINT，而带误差微分（图 4-13）的控制策略记作 TSDER。

（1）情况 1

在连接母线 2 和母线 4 的传输线的中间模拟一个出现持续 100 ms 的三相故障。基于 T-s 模糊控制器的 UPFC、基于 PI 控制器的 UPFC 以及没有 UPFC 的电力系统的相应曲线分别示于图 4.14 ~ 图 4-17。从图 4.14 和图 4.15 中可见，带辅助信号的 TSINT 模糊控制器在阻尼互联区域模式振荡和局部模式振荡的优越性很明显。图 4.16 和图 4.17 分别描绘了 UPFC-1 和 UPFC-2 的直流电容器电压出现变化的情况，直流电容器上的电压变化得到了有效控制，甚至用 PI 控制器也得到了很好的效果。直流电容器上的电压对于串联和并联变流器能否成功运行是一个非常重要的因素。

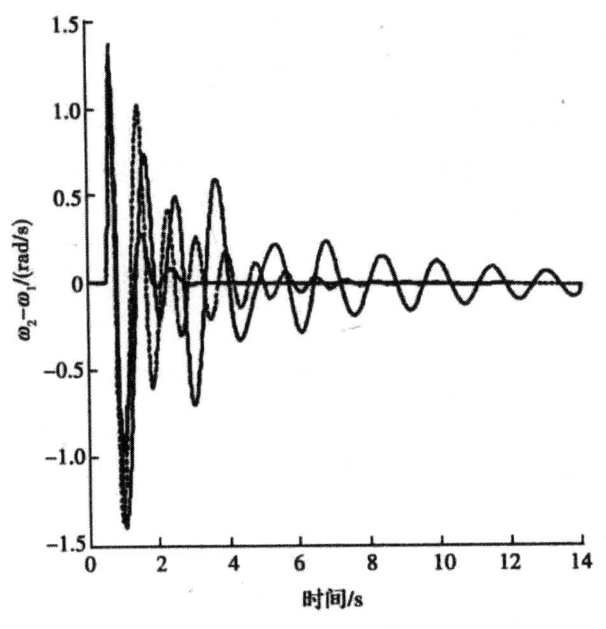

图 4–14　区域模式振荡

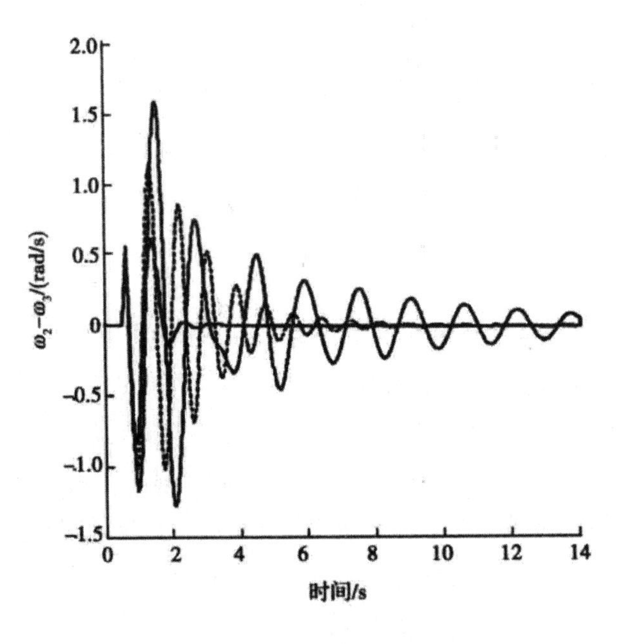

图 4–15　局部模式振荡

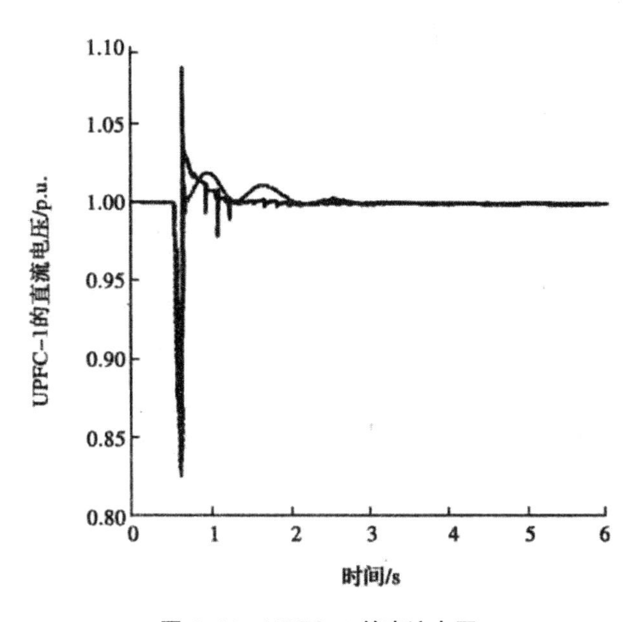

图 4–16　UPFC–1 的直流电压

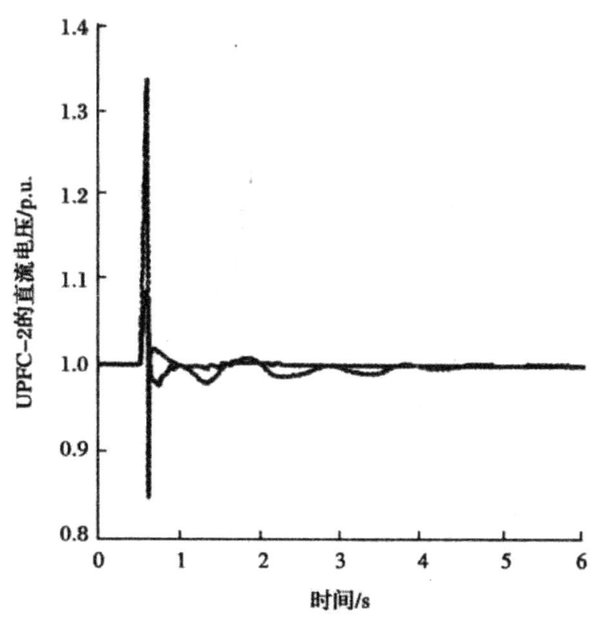

图 4–17　UPFC–2 的直流电压

（2）情况 2

与情况 1 中相同的电网运行条件下，在连接母线 6 和母线 1 的输电线当中的一条线路的中间模拟一个持续 100 ms 的三相故障。带辅助控制信号的 TSINT 模糊控制器、不带辅助控制信号的 TSINT 模糊控制器和传统的 PI 控制器的性能分别示于图 4-18（互联区域模式）和图 4-19（局部模式）。研究不带辅助信号的 TSINT 模糊控制器性能用来说明建立辅助信号对阻尼振荡的影响。图 4-20 和图 4-21 说明了直流电容器电压在暂态干扰期间的变化情况。

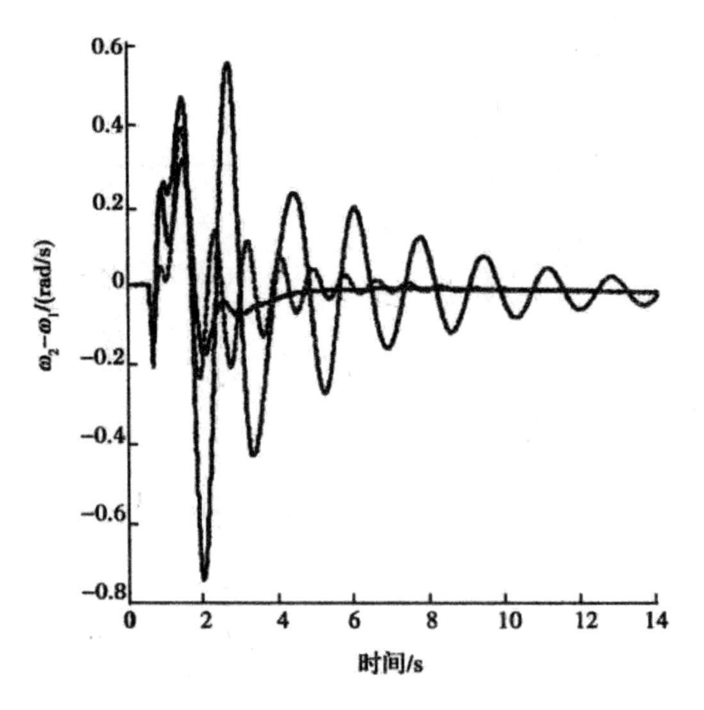

图 4-18　互联区域模式振荡

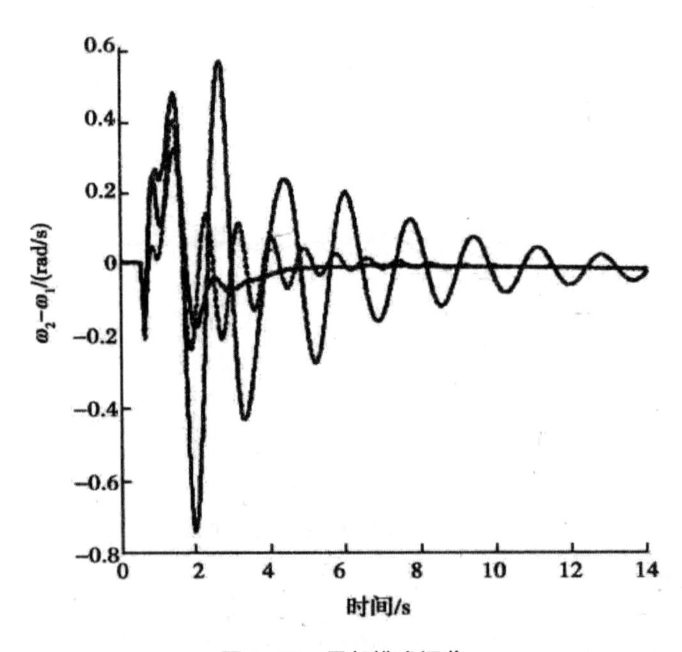

图 4-19　局部模式振荡

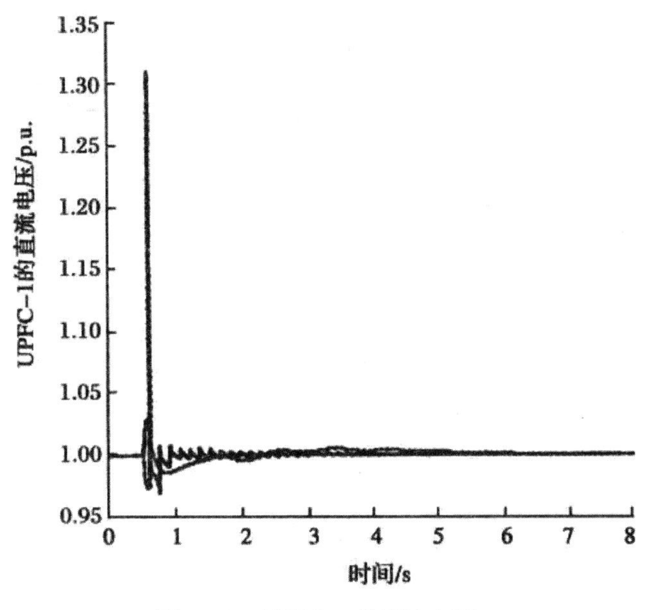

图 4-20　UPFC-1 的直流电压

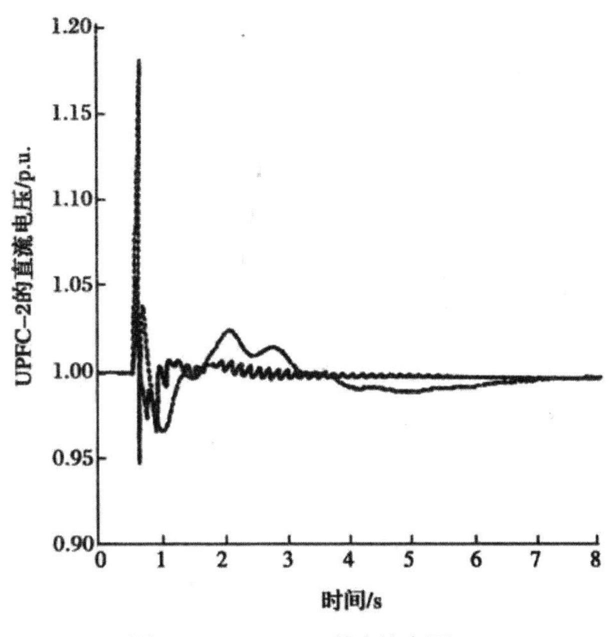

图 4-21　UPFC-2 的直流电压

（3）情况 3

母线 4 处的负载容量在 100 ms 期间突然减少到 95%，这模拟了大负荷干扰情况。针对 PI 控制策略和 TSINT 控制策略，互联区域模式和局部区域模式的振荡情况分别示于图 4-22 和图 4-23。PI 控制器在这种情况下运行效果不好。图 4-24 展示了 UPFC-1 的连接电容器的直流电压变化情况。在 PI 和 TSINT 两种控制策略情况下，UPFC-2 的直流电容器的电压偏差基本维持在 0.2% 之内。

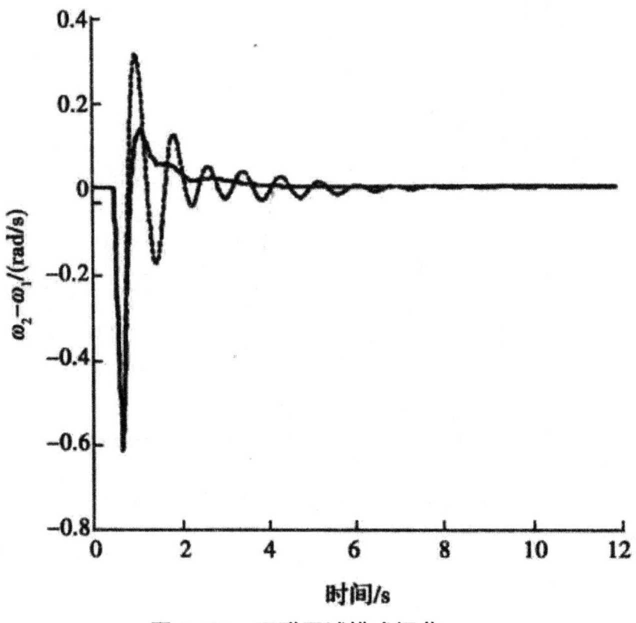

图 4-22　互联区域模式振荡

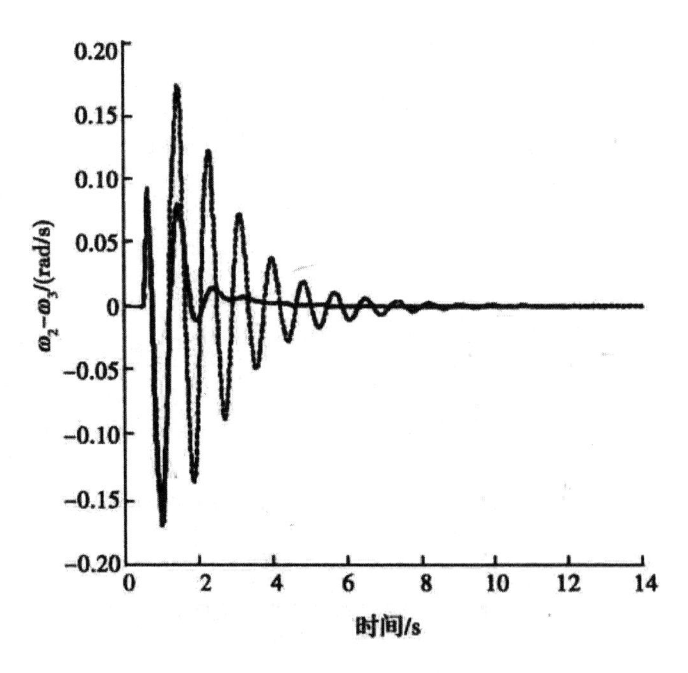

图 4-23　局部区域模式振荡

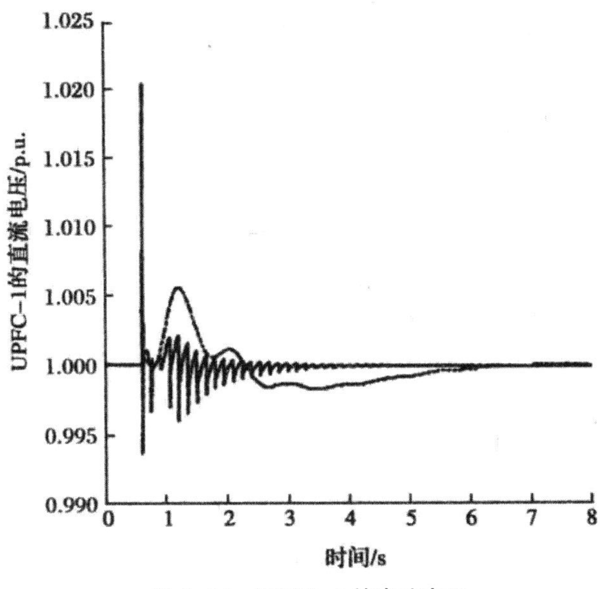

图 4-24　UPFC-1 的直流电压

（4）情况 4

M-1 的机械转矩输入在 100 ms 内增加了 30%，然后再恢复到正常值。针对 PI 和 TSINT 模糊控制两种策略，在暂态干扰情况下的互联区域模式振荡和局部区域模式振荡分别绘于图 4-25 和图 4-26。图 4-27 展示了 UPFC-1 在暂态期间的直流电压偏差情况，此时的 UPFC-2 的直流电容器的电压偏差仍维持在 0.2% 之内。

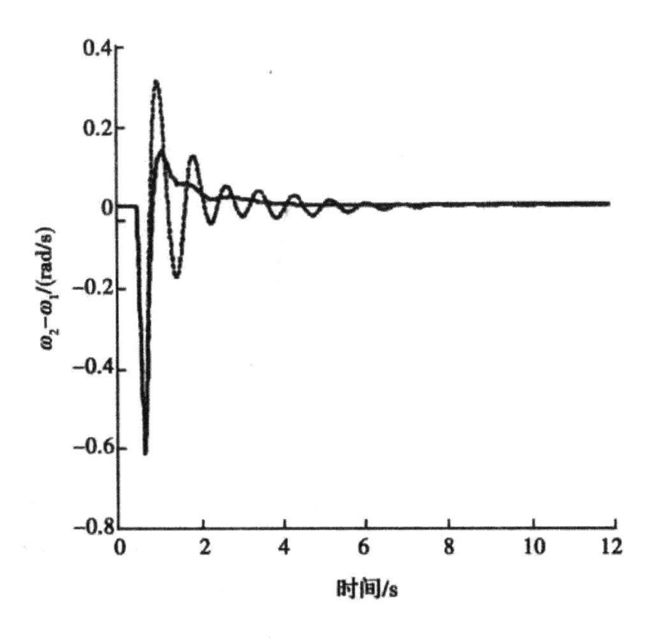

图 4-25　互联区域模式振荡

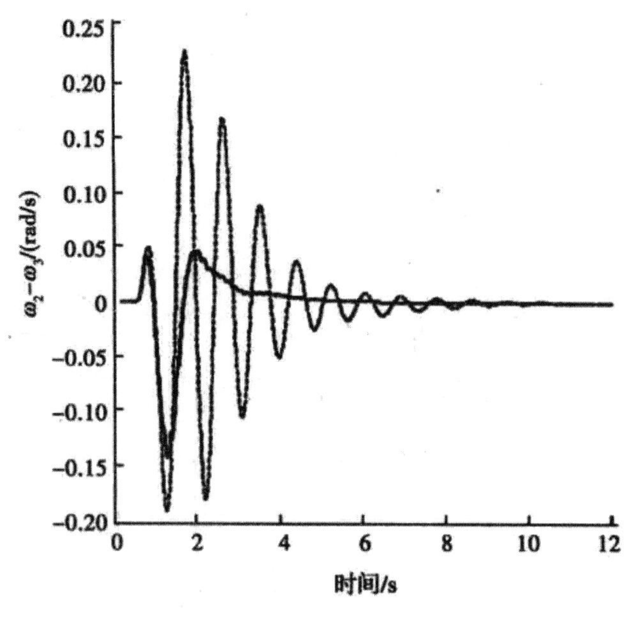

图 4-26　局部区域模式振荡

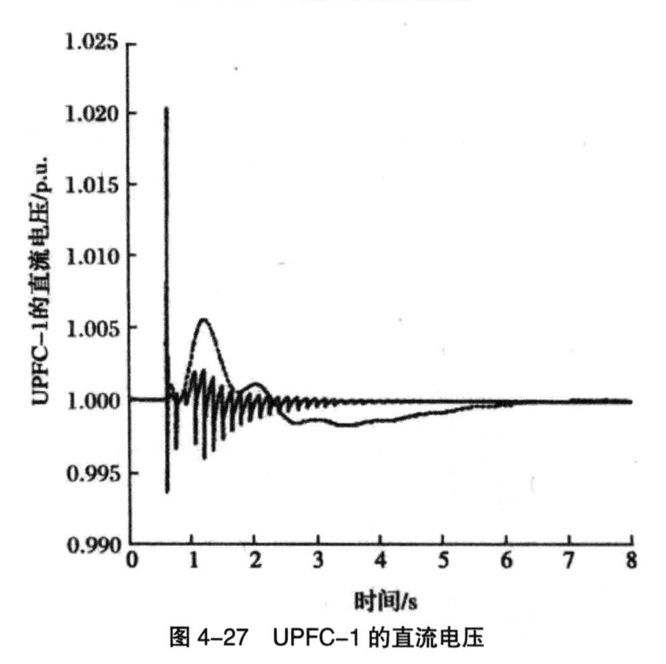

图 4-27　UPFC-1 的直流电压

（5）情况 5

为了比较积分型 T-S 模糊控制器（图 4-12）和微分型 T-S 模糊控制器（图 4-13）的性能，考虑情况 1 中的故障模式。除了 $x_2(k)$ 使用的隶属度函数不同外，两种 T-S 模糊控制器的参数是相同的。互联区域模式振荡和局部区域模式振荡分别绘于图 4-28 和图 4-29。从互联区域模式的第一摆动曲线中可见，微分型 T-S 模糊控制器具有小的振荡幅度，而积分型 T-S 模糊控制器具有大的振荡幅度。但对于局部模式振荡，两种 T-S 模糊控制器具有相同的性能。此外，针对两种 T-S 模糊控制器，直流电容器的电压偏移几乎是一样的。

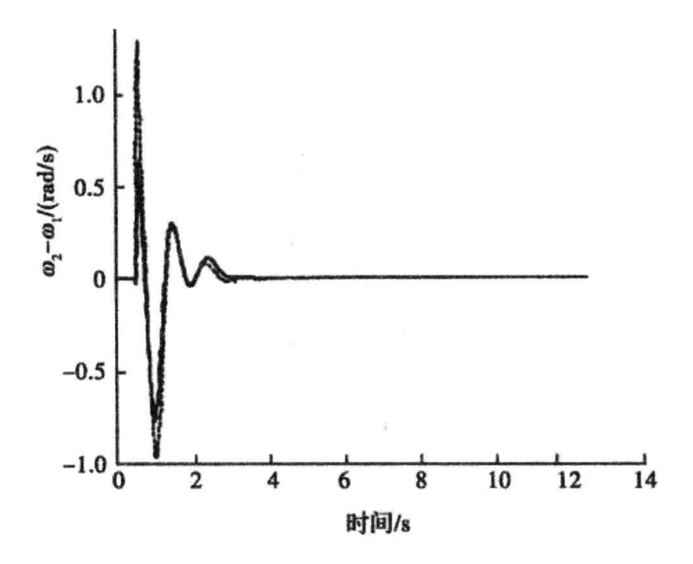

图 4–28　互联区域模式振荡

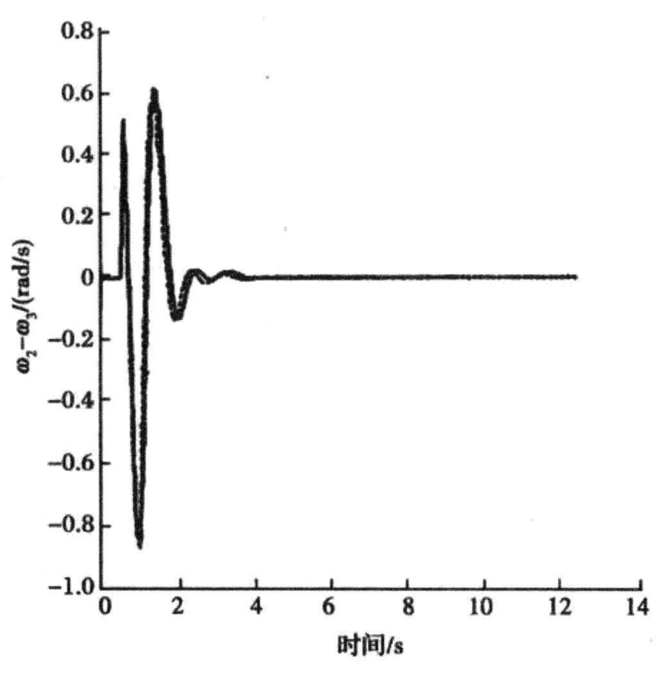

图 4–29　局部区域模式振荡

（6）情况 6

为了对积分型 T-S 模糊控制器和微分型 T-S 模糊控制器进行更深入的认识，考虑另一种情况。针对两种控制策略，同时模拟情况 2 中的故障情形。互联区域模式振荡和局部互联模式振荡分别绘于图 4-30 和图 4-31。在互联区域模式振荡中，微分型 T-S 控制策略在第一次摆动中具有大的幅值，而积分型 T-S 控制策略则具有小的摆动幅值。在局部模式振荡中，两种控制策略具有几乎一样的性能。此外，针对 UPFC-1 和 UPFC-2 中的直流连接电容器上的电压偏移也是一样的。

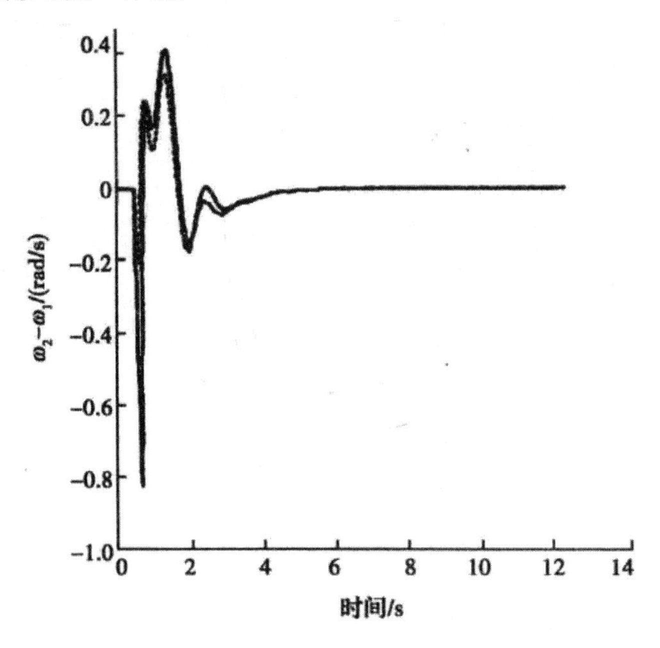

图 4–30　互联区域模式振荡

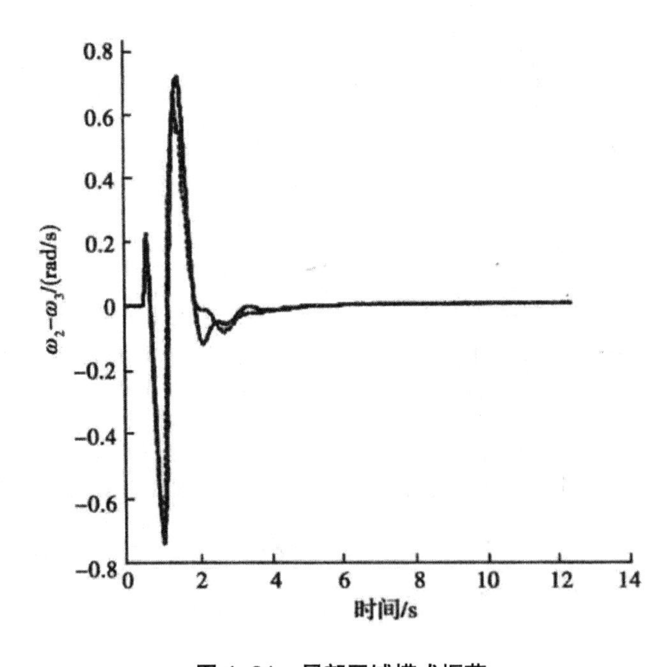

图 4–31　局部区域模式振荡

总之，在多机电力系统中，具有大范围增益变化的非线性 T-S 模糊控制策略被用来控制 UPFC 中的电压源型逆变器。应用 T-S 模糊控制器实现的 UPFC 能够在阻尼发电机之间的机电振荡方面具有显著的优势。与传统的 PI 控制相比，基于 T-S 模糊控制器的方法在减少互联区域模式振荡和局部区域模式振荡的首次摆动幅度、后续的摆动幅度方面效果显著。T-S 模糊控制器为以模糊控制规则、模糊隶属度函数和模糊逻辑的形式应用专家的控制知识和经验来构造具有期望增益变化特性的多种非线性变增益控制器提供了理论基础。然而，T-S 模糊控制器中的参数的初始调节还是需要一些试错尝试的，尽管一些新颖的优化参数方法已被提出来。

第 5 章　人工智能技术在变压器故障诊断中的应用

5.1　遗传算法和神经网络的基本内涵

5.1.1 遗传算法的基本内涵

1. 遗传算法

遗传算法（Genetic algorithms）是一种模拟自然选择和遗传机制的寻优程序，它是 60 年代中期美国密执安大学 J.Holland 教授首先提出，并随后主要由他和他的一批学生发展起来的。GA 是基于“适者生存”的一种高度并行、随机和自适应的优化算法，它将问题的求解表示成“染色体”的适者生存过程，通过“染色体”群的一代代不断进化，包括复制、交叉和变异等操作，最终收敛到“最适应环境”的个体，从而求得问题的最优解或满意解。GA 是一种通用的优化算法，其编码技术和遗传操作比较简单，优化不受限制性条件的约束，而其两个最显著的特点则是隐含并行性和全局空间搜索。目前，随着计算机技术的发展，GA 愈来愈得到人们的重视，并在机器学习、模式识别、图像处理、神经网络、优化控制、优化组合、VLSI 设计、遗传学等领域得到了成功应用。

2. 遗传算法的基本流程

遗传算法是一类随机优化算法，但它不是简单的随机比较搜索，而是通过对染色体评价和对染色体中基因的作用，有效地利用已有信息来指导所有希望改善优化质量的状态。Holland 的遗传算法常被称为简单遗传算法（简称 SGA），又称为标准遗传算法，SGA 的操作对象是一群二进制串（称为染色体、个体），即种群（Population）。这里每个染色体都对应于问题的一个解。标准遗传算法的主要步骤可描述如下：

①随机产生一组初始个体构成初始种群，并评价每一个个体的适应值（Fitness value）。

②判断算法收敛准则是否满足。若满足则输出搜索结果；否则执行以下步骤。

③根据适应值大小以一定方式执行复制操作。

④按交叉概率 pc 执行交叉操作。

⑤按变异概率 pm 执行变异操作。

⑥返回步骤②。

上述算法中，适应值是对染色体（个体）进行评价的一种指标，是 GA 进行优化所用的主要信息，它与个体的目标值存在一种对应关系；复制操作通常采用比例复制，即复制概率正比于个体的适应值，如此意味着适应值高的个体在下一代中复制自身的概率大，从而提高了种群的平均适应值；交叉操作通过交换两父代个体的部分信息构成后代个体，使得后代继承父代的有效模式，从而有助于产生优良个体；变异操作通过随机改变个体中某些基因而产生新个体，有助于增加种群的多样性，避免早熟收敛。

标准遗传算法的流程图描述，如图 5-1 所示。

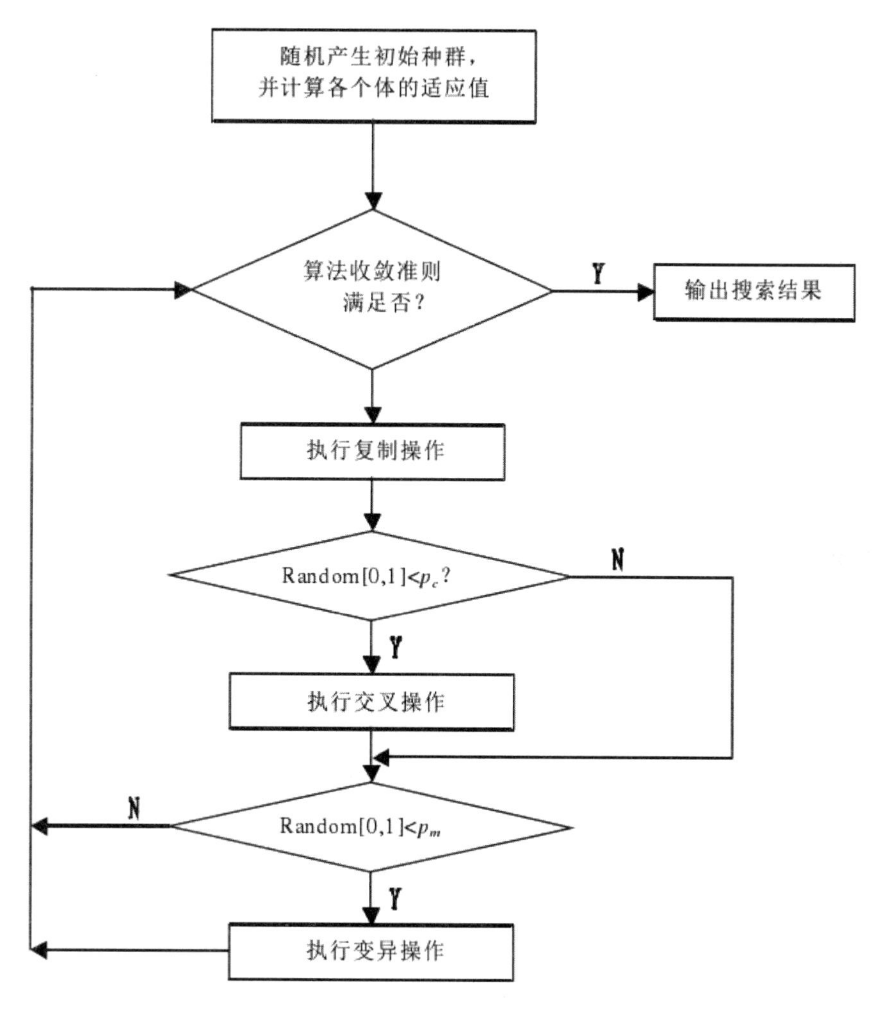

图 5–1　标准遗传算法的优化框图

遗传算法利用生物进化和遗传的思想实现优化过程，区别于传统优化算法，它具有以下特点：

① GA 对问题参数编码成“染色体”后进行进化操作，而不是针对参数本身，这使得

GA 不受函数约束条件的限制，如连续性、可导性等。

② GA 搜索过程是从问题解的一个集合开始的，而不是从单个个体开始的，具有隐含并行搜索特性，从而大大减少了陷入局部极小的可能。

③ GA 使用的遗传操作均是随机操作，同时 GA 根据个体的适应值信息进行搜索，无其他信息，如导数信息等。

④ GA 具有全局搜索能力，最善于搜索复杂问题和非线性问题。

遗传算法的优越性主要表现在：

①算法进行全空间并行搜索，并将搜索重点集中于性能高的部分，从而能够提高效率且不易陷入局部极小。

②算法具有固有的并行性，通过对种群的遗传处理可处理大量的模式，并且容易并实现。

5.1.2 BP 神经网络的基本内涵

在现有的神经网络中，利用反向传播 BP（Back-Progpagation）计算来处理误差是应用较为广泛的一种网络模型，具体模型如图 5-2 所示。图中 l 为输入层节点数；m 为隐层节点数；n 为输出层节点数；W_{lm} 为输入层到隐层的权值；W_{mn} 为隐层到输出层的权值。BP 网络能够训练输出单元去学习输入的分类模式，所提供的分类是线性可分的；对于较复杂的非线性分类，则以多层网络分隔开。所有的神经元及其连接对一个误差的反应多少负有责任，这也就是学习过程的实质是一种误差修正的算法，这种学习算法由正向传播和反向传播组成。在正向传播过程中，输入信号从输入层通过变换函数后逐层向隐层、输出层传播，每一层神经元状态只影响下一层神经元状态。如果在输出层得不到希望的输出，则转入反向传播，将误差信号沿原来的连接通路返回，通过修改各层神经元的连接权值，使输出误差信号减小。反向传播的名称由此而来。

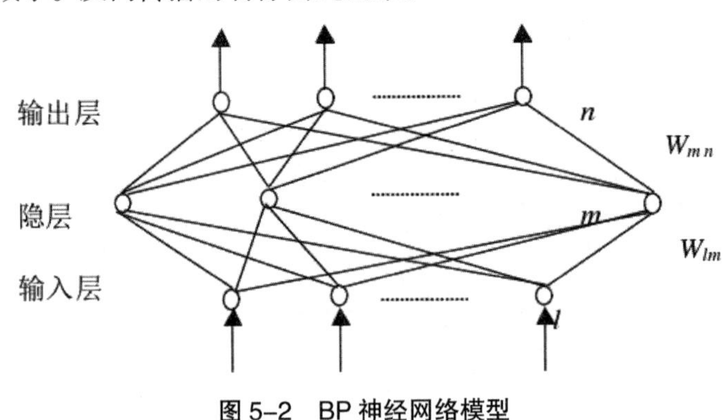

图 5-2 BP 神经网络模型

5.2　GA-BP 混合算法在电力变压器故障诊断中的应用

5.2.1 GA-BP 混合算法的基本概述

1.GA-BP 混合算法

把人工神经网络（ANN）中的反向传播神经网络（BPNN）应用于电力变压器油中溶解气体分析（DGA），进行变压器的故障诊断已有成功的先例。但是 BP 神经网络存在着诸如收敛速度慢、易陷入局部极小等缺点，当学习样本数目多，输入输出关系较为复杂时，网络收敛的速度就变得缓慢，收敛精度不理想甚至不收敛。为了提高诊断准确率，徐文等利用遗传算法优化网络权（阈）初值，避免了陷入局部极小，丁晓群等将共轭梯度法应用于神经网络的训练中，提高了收敛速度和全局收敛性能。本文将改进遗传算法和误差反向传播（BP）算法相结合的混合训练算法训练应用于电力变压器故障诊断的神经网络，并和常规的 BP 算法进行了比较，实例仿真结果表明了这种算法具有较快的收敛速度和较高的计算精度。它充分利用了 BP 算法的局部搜索性能和遗传算法的全局搜索能力，具有快速和全局收敛性能。在变压器 DGA 的神经元网络的实现中，证明了该算法的高效性。

2. 编码策略

在常规遗传算法中编码方式通常采用二进制或格雷码编码方式。当遗传算法用于神经网络训练时，若神经网络规模较大，染色体的长度就可能很长，从而影响遗传算法的效率。为了弥补这一不足，使遗传算法能更好地适用于神经网络训练，节省群体矩阵所占的内存，加快算法的速度，本文采用实数编码方式，即将一个实数直接作为一个染色体的一个基因位，这样便大大缩短了染色体长度。例如神经网络的结构为 4-4-1 型，它共有 20 个权值，其中第一层为 $w^1=\{(w_{11}^1,\ w_{12}^1,\ w_{13}^1,\ w_{14}^1)$，…，$(w_{41}^1,\ w_{42}^1,\ w_{43}^1,\ w_{44}^1)\}$，第二层为 $w^2=(w_{11}^2,\ w_{21}^2,\ \cdots,\ w_{41}^2)$ 5 个阈值为 $\theta=(\theta_1,\ \theta_2,\ \cdots,\ \theta_4)$，若用二进制编码方式，每一权（阈）值取 10 bit，则个体位串长度将达 $L=(20+5)\times 10=250$，而采用实数编码方式，则个体位串长度仅 25，用实数编码后的染色体（个体）即为 $w=(w_1,\ w_2,\ \theta)$。

在本文所采用实数编码中，将各权值和阈值级联在一起，转换成遗传空间中的基因型个体（也叫染色体）时，一种较好的连接次序是把与同一隐含节点相连接的连接权所对应的字符串放在一起。这是因为隐含结点在神经网络中起特征抽取作用，它们之间有更强的联系。如果将其与同一隐含结点相连的连接权对应的字符串分开，则在算法中无法很好体现这种联系，因为将与同一隐含结点相连的连接权分开，由于很多定义距的模式很可能具有很好的性质，而遗传操作容易破坏定义距较大的模式。把与同隐含节点相连的连接权和阈值放在一起，这样将便于特征的抽取和探测。

实数编码方案的优点是它非常直观，且不会出现像二进制那样出现精度不够的情况。

3. 群体设定

群体设定包括群体规模设定和初始群体设定。群体规模影响到 GA 的最终性能和执行效率。群体规模小，群体中个体的多样性降低，算法易陷入局部解；相反，大的群体规模会导致收敛速度过慢。本文群体规模值一般取为 50。初始群体的设定应根据具体问题，设法把握最优解所占空间在整个问题空间中的分布范围。由于遗传操作的对象是神经网络的权值与阈值，于是产生［-1，1］之间的若干组随机数（个体）作为遗传算法的初始种群。假设群体规模为 N，即共有 N 条染色体。

4. 适应度函数的确定

遗传算法在随机搜索中用适应度函数作为依据，适应度函数的设计直接影响到 GA 的性能。适应度函数要反映群体中各个体间的差异，同时也要反映出个体与环境相互作用的结果。在遗传操作的每一代中，对每一条染色体进行译码，计算出权向量和阈值，并求出每条染色体相应的实际输出值 y_k（k=1，2，…，n；n 是神经网络输入输出的样本对数）。BP 神经网络的一个重要性能就是网络的输出值与期望的输出值之间的误差平方和。该误差平方和小则表示该网络性能较好，因此定义第 i（i=1，2，…，N）条染色体的适应度为：

$$f_i = 1/\exp(E_i) \tag{5-1}$$

其中 $E_i = \sum_{k=1}^{n}(y_k - t_k)^2$，$t_k$ 是神经网络的目标输出。采用指数形式使得误差平方和大的个体适应度变差。

5. 混合算法的具体实现

将改进遗传算法运用于神经网络的训练中，同 BP 算法结合起来，计算过程的具体步骤如图 5-3 所示。

1）根据给定的输入、输出训练样本集，设计神经网络的输入层、隐含层和输出层的节点数，确定神经网络的拓扑结构。

2）设定遗传算法的群体规模 N，设置 GA 的交叉概率 P_c、变异概率 P_m 及自适应调整法，随机产生［-1，1］间的 N 条染色体作为初始种群。

3）对种群中的染色体进行译码并计算第 i（i=1，2，…，N）条染色体的误差平方和 E_i 和适应度 f_i 的值。

4）计算种群中的，f_{max} 和 f_{avg}，并将适应度为 f_{max} 的染色体对应的神经网络权值向量和阈值向量记为 B_1，判断 f_{max} 是否满足精度要求，若满足转向 8），否则转向 5）。

5）进行遗传选择操作，并对杂交率 P_c 和变异率 P_m 做自适应调整，采用改进的遗传算子进行遗传操作，形成新的一代群体。

6）对 B_1 作反向传播计算，求出各层神经元的误差信号，用 BP 算法的调整公式对 B_1 调整若干次后记为 B_2。

7）从父代群体和新一代群体及 B_2 中选出 N 个较好的染色体形成下一代新的群体，转向 3）。

8）将适应度为 f_{max} 的染色体进行译码，得到神经网络的权值向量和阈值，结束算法。

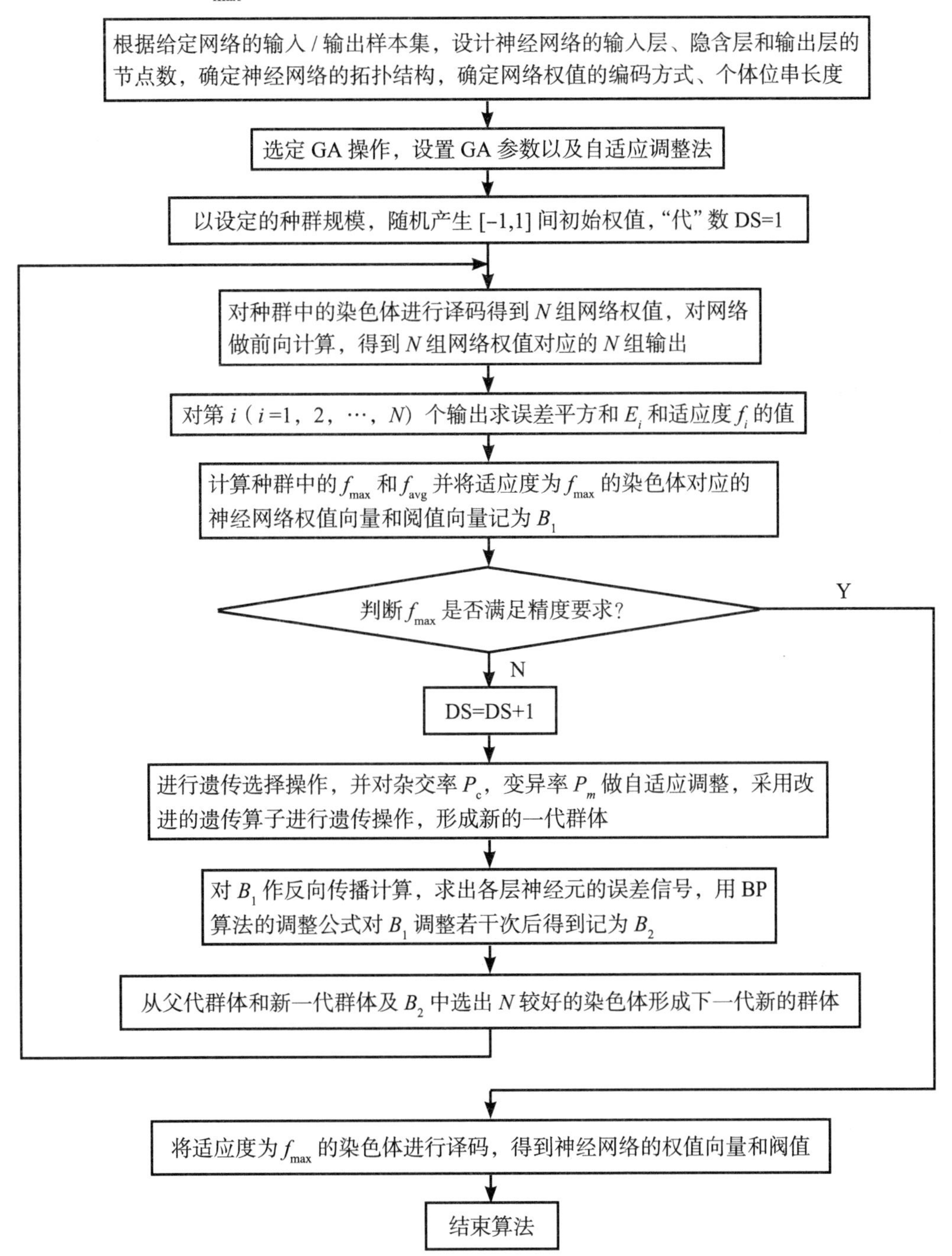

图 5-3　混合算法流程图

6. 混合算法的收敛性能分析

理论上已经证明采用最优保留的简单遗传算法具有全局收敛性，而上面提出的 GA-BP 混合算法只是在最优保留的改进遗传算法中，把 BP 算法作为一种学习策略加入到其中，对最优个体采用 BP 算法进行了修正，然后再保留最优个体并选择下一次搜索的父代。

由于要维持具有一定规模的群体，遗传算法必须同时处理搜索空间中的若干点而不像梯度下降算法那样只处理单点，从而有助于搜索全局最优点，免于陷入局部极小，但遗传算法“爬山能力弱”，当遗传搜索迅速找到最优解附近时，无法精确地确定最优解的位置，也就是说，它在局部搜索空间不具备微调能力。而 BP 算法虽易陷入局部极小但具有较强的局部搜索能力，有一些点有可能陷入局部极值点，但因保留了最优点，因此在下一代的搜索过程中，经过遗传操作产生一些适应值大的较优点，那些适应值小的局部极小点将最终被抛弃。由此可见，该算法不改变最优保留简单遗传算法的全局收敛性。

7. 混合算法的优点

该算法中将改进遗传算法与 BP 算法有机结合起来，利用 BP 算法弥补 GA 算法局部搜索能力的不足，利用 GA 的全局搜索能力避免陷入局部极小，运用于神经网络训练中，可以很好地解决 BP 算法易陷入局部极小而遗传算法搜索时间长这一矛盾，实现了两种算法的取长补短，具有快速和全局收敛性能。

该算法的计算精度、收敛速度及计算稳定性较常规 BP 算法及遗传算法都有很明显的提高，而且其适用范围很大，可用于实际问题中较大的网络，对输入输出关系比较复杂的训练样本集，有很好的收敛效果。它提高了诊断的可靠性，推广了神经网络应用于电力变压器故障诊断的实用性。

5.2.2 GA-BP 混合算法在电力变压器故障诊断中的应用

1. 基于特征气体的模糊神经网络诊断法

（1）特征气体法的描述

在《变压器油中溶解气体分析和判断导则》（简称导则）对运行中的变压器油中气体含量提出了注意值（见表 5-1），超出这些注意值，变压器有可能运行在故障或不稳定状态下，此时应该引起有关人员的足够重视，有必要对其进行故障方面的诊断和检查。

表 5-1　油中溶解气体含量的注意值

气体组分	含量 /（μL/L）
C_1+C_2	150
C_2H_2	5
H_2	150

特征气体判别法反映了故障点热源使绝缘材料分解时的事物本质。故障点产生气体的特征随着故障类型和故障能量级别，以及其所涉及的绝缘材料的不同而不同。油纸绝缘在热和电的作用下分解产生气体过程的基本理论认为，这一过程是以碳氢化合物（或纤维素）分子的断裂开始，通过合成反应，导致产生气体而终止。其特点是故障点局部能量密度越高产生碳氢化合物的不饱和程度就越高。从大量实际测试的统计数据中可以看出，随着故障点温度的升高，甲烷（CH_4）所占比例逐渐减少，而乙烯（C_2H_4）和乙烷（C_2H_6）所占比例逐渐增加，严重过热时将产生适当数量的乙炔（C_2H_2），当达到电弧弧道温度时，则乙炔将成为主要成分。

应用特征气体法检测变压器设备的缺陷和故障是采集变压器油中溶解气体组分和溶度的变化，找出超出气体分析导则标准的特征气体，即 H_2、CO、C_2H_2、总烃（C_1+C_2）之和。运行中的变压器由于负荷的变化使绝缘油和固体绝缘材料受到热应力和电应力的作用，油中分解的气体成分主要是 H_2、CO、CH_4、C_2H_4、C_2H_6、CO_2 等；超高压变压器还会有痕量 C_2H_2 气体。根据这些特征气体组分的含量可判断变压器所存在的缺陷和故障的性质。如在绕组中的热点上、在绝缘导线上、在用压板的区域上、绝缘纤维元件及衬垫上以及油浸绝缘纤维的热老化都会产生 CO、CO_2。再如电弧烧伤会产生高溶度的 H_2，而局部放电产生 H_2 和 C_2H_2，绝缘油的过热也会产生 CH_4、C_2H_6、C_2H_4。据此表 5-2 详细地列出了变压器故障与特征气体之间的关系。

表 5–2　判断故障性质的特征气体法

序号	故障性质	特征气体的特点
1	一般过热性故障	总烃较高，乙炔浓度 5 μL/L
2	严重过热性故障	总烃高，乙炔浓度 >5 μL/L，但乙炔未构成总烃的主要成分，氢气含量较高
3	局部放电	总烃不高，氢气浓度 >100 μL/L，甲烷为总烃中的主要成分
4	火花放电	总烃不高，乙炔浓度 >10 μL/L，氢气较高
5	电弧放电	总烃高，乙炔高，并构成总烃中的主要成分，氢气含量高

由表 5-2 可以看出，“若总烃（C_1+C_2）高，C_2H_2 超标且未构成总烃主要成分，H_2 含量较高，则可能为严重过热性故障”，该描述比较笼统，仅定性说明了问题，不利于诊断。尤其是对诊断划分了一些绝对的标准，难以符合实际情况。因此采用隶属度来表示贴近的程度非常必要。针对此类方法，需要解决的问题主要是边界的处理及隶属函数的选择。

（2）隶属函数的确定

溶解气体分析中的“导则法”虽给出了总烃、H_2、C_2H_2 的注意值，其余特征气体的注意值均未给出，而其余特征气体的含量有时对判断故障类型有重要作用。高宁等给出了比较符合实际情况的各类气体的“注意值”，如表 5-3 所示。

表 5–3　气体的注意值

特征气体	CH_4	H_2	C_2H_6	C_2H_4	C_2H_2	CO
注意值	60	140	100	120	5	1200

现有的隶属函数曲线形式，常见的有戒上型、戒下型、中间型等几类。由诊断知识可知，求取的是相应于试验数据注意值的隶属度。因此选用戒下型中的升半正态分布型函数。

设 R 表示实数域，若模糊集为 $A\in F(R)$，模糊分布为 $\mu_A(x)$，曲线见图 5-4，隶属函数表示形式为：

$$\mu_A(x)=\begin{cases}1-\exp\left[-k(x/x_1)\right] & x\leqslant(1+1/k)/x_1\\ 1 & x>(1+1/k)/x_1\end{cases}\tag{5-1}$$

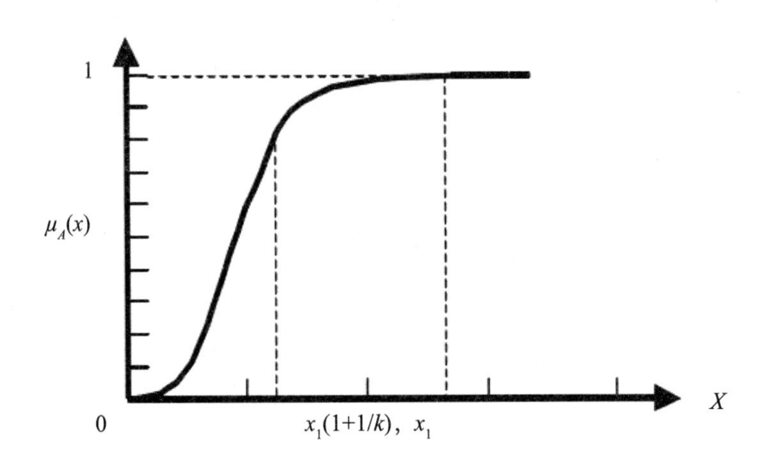

图 5–4　升半正态隶属函数

式中：x_1 为各特征气体的注意值；k 为形状调节系数，对于不同特征气体，k 的参考值选择如表 5-4 所示。

表 5–4　k 的参考值

特征气体	CH_4	H_2	C_2H_6	C_2H_4	C_2H_2	CO
k	4	2	2	4	6	4

基于模糊数学的特征气体法的神经网络实现中，选择了 CO、H_2、CH_4、C_2H_6、C_2H_4 和 C_2H_2 六种特征气体经过以上模糊化处理后的隶属度作为神经网络的输入，这样有利于突出 C_2H_2 等气体含量小，但表达重要故障信息的信号，从而有效、真实地反映出现象和故障原因之间存在的非线性映射；以表 5-2 中 5 种故障性质作为神经网络输出，某输出层神经元输出越大表明发生该种类型故障的可能性和严重程度也越大。这六种气体都是可燃性气体，根据其组分含量可判断变压器故障缺陷和故障的性质。由于将 CO 的含量考虑进去，所以该网络可以诊断涉及固体绝缘方面的故障类型。

（3）神经网络的训练

一般神经网络往往需要大量的训练样本，但许多属于同一故障类型的不同故障数据经过数据预处理后得到的样本往往是十分接近的，所以只要挑选其中一组故障数据作为该故障类型的样本数据即可，这样经过数据预处理后，神经网络中用于训练的故障样本数目并不需要很多。从收集到的样本中选出经吊芯检查后故障类型比较确定的 15 组经数据预处理作为学习样本，如表 5-5 所示，其中神经网络输出分别为 O_1：为一般过热性故障；O_2：严重过热性故障；O_3：局部放电；O_4：火化放电；O_5：电弧放电；O_6：故障涉及固体绝缘。分别用动量系数为 0.85 的 BP 算法和 GA-BP 混合算法对网络进行训练。经过多次反复调试，网络隐含层节点数为 12，并将这两种算法的训练结果进行比较见表 5-6。

表 5–5　神经网络训练样本集

编号	输入学习样本						神经网络的期望输出					
	H_2	CH_4	C_2H_6	C_2H_4	C_2H_2	CO	O_1	O_2	O_3	O_4	O_5	O_6
1	1.000 0	0.821 7	0.195 7	0.922 7	0	0.965 3	1	0	0	0	0	1
2	1.000 0	0.769 9	0.195 7	0.859 1	0.070 0	0.981 7	1	0	0	0	0	1
3	0.972 9	0.453 9	0.069 7	0.115 3	0	0.838 4	1	0	0	0	0	0
4	0.997 3	1.000 0	0.980 2	1.000 0	1.000 0	0.373 1	0	1	0	0	0	0
5	0.859 1	0.617 1	1.000 0	1.000 0	0	0.118 4	0	1	0	0	0	0
6	1.000 0	0.786 4	0.195 7	1.000 0	1.000 0	0.789 5	0	1	0	0	0	1
7	0.763 1	0.087 7	0.019 8	0.909 5	1.000 0	0.050	0	1	0	0	0	1
8	1.000 0	0.419 4	0.489 7	0.039 2	0	0.095 4	0	0	1	0	0	0
9	1.000 0	0.249 2	0.206 4	0.105 2	0	0.125	0	0	1	0	0	0
10	1.000 0	0.586 3	0.206 4	0.458 6	0	0.565 8	0	0	1	0	0	0
11	0.632 1	0.005 6	0.014 3	0.000 9	1.000 0	0.142 2	0	0	0	1	0	0
12	0.743 6	0.061 8	0	0.136 7	1.000 0	0.013 9	0	0	0	1	0	0
13	1.000 0	0.979 4	0.217 3	1.000 0	1.000 0	0.855 8	0	0	0	0	1	1
14	1.000 0	0.057 1	0.003 2	0.195 7	1.000 0	0.573	0	0	0	0	1	1
15	1.000 0	0.209 5	0.038 4	0.977 7	1.000 0	0.159 4	0	0	0	0	1	0

表 5–6　不同算法的训练结果比较

问题	算法	训练时间	误差
网络	BP 算法	228.770 0 s	0.001 2
	GA-BP 混合算法	91.460 0 s	0.000 7

由表 5-6 可见：相同层次结构不同算法的神经网络，对于同样一组学习样本集，应用 GA-BP 混合算法训练的时间相对常规 BP 算法训练的时间短误差精度高，所以这种算法效果较好可以用于变压器的故障诊断。

（4）诊断流程

对于一组待诊断的故障数据，先按照表 5-1 所提供的注意值进行判断，若未超出注意值，则直接可得到该变压器运行正常；若超出注意值，则首先要将输入的数据进行预处理，使其符合神经网络输入量的条件，最后再由已训练好的网络对故障数据进行诊断，得出诊断结论。整个诊断流程图如图 5-5 所示。此诊断流程图也适合于本文以下的神经网络诊断法。

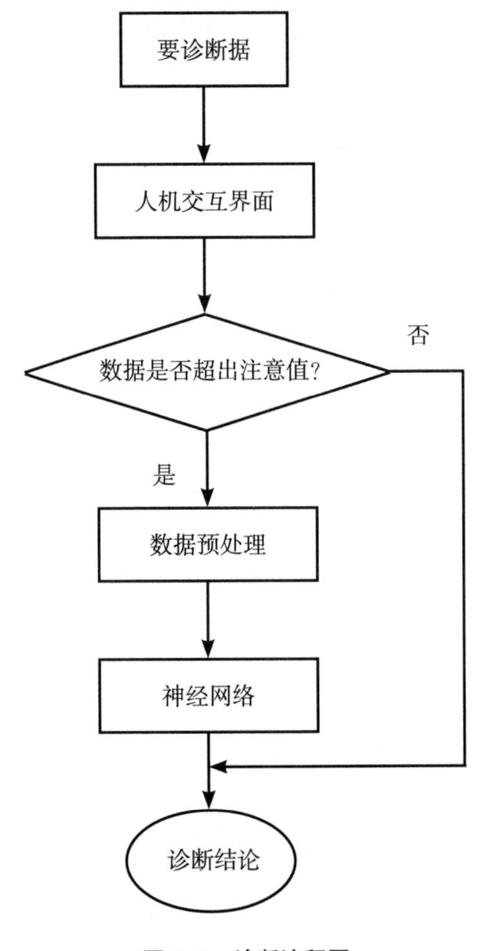

图 5–5　诊断流程图

（5）网络的诊断

将训练好的神经网络对 20 组故障数据进行诊断，并与 IEC 三比值诊断结果进行比较，见表 5-7。

表 5-7　神经网络诊断结果及与 IEC 三比值方法的比较　　　　L/L

样本	H_2	CH_4	C_2H_6	C_2H_4	C_2H_2	CO	编码	神经网络	实际故障
1	200	48	14	117	131	250	102	电弧放电	工频续流放电
2	335	67	18	143	170	300	102	电弧放电	工频续流放电
3	32.4	5.5	1.4	12.6	13.2	35	102	电弧放电	围屏放电
4	73	520	140	1200	6	410	022	严重过热	磁路高温过热
5	42	42	97	157	600	0	022	严重过热	高温过热
6	766	993	116	665	4	29	022	严重过热	高温过热
7	16	237	92	470	0	157	022	严重过热	高温过热
8	15	125	29	574	7	141	022	严重过热	导电回路高温过热
9	30	7.4	80.5	1.8	19	235	200	局部放电	低能放电
10	56	286	96	928	7	60	022	#	导电回路高温过热
11	160	130	33	96	0	1100	001	一般过热	低温过热
12	120	120	33	84	0.55	1200	001	一般过热	低温过热
13	57	77	19	21	0	810	021	一般过热	低温过热
14	980	73	58	12	0	190	010	局部放电	有局部放电
15	650	53	34	20	0	220	010	局部放电	有局部放电
16	1565	93	34	47	0	548	011*	高能放电	有局部放电
17	98	123	33	296	16	749	022	严重过热	层间绝缘不良
18	80	153	42	276	18	755	022	严重过热	层间绝缘不良
19	86	110	18	92	7.4	380	022	严重过热	高温过热
20	36	30	10	93	7.1	137	002*	严重过热	高温过热

表中“#”表示分类错误；“*”表示三比值无对应编码

2. 基于三比值的神经网络诊断法

（1）输入和输出向量的确定

利用所测到的变压器油中气体 H_2、CH_4、C_2H_6、C_2H_4、C_2H_2 来决定变压器发生故障的类型，就要充分而不重复地利用它们的信息，考虑到气体含量的相对值而非绝对值决定某种故障，所以本文采用五种气体的三个比值：CH_4/H_2、C_2H_2/C_2H_4、C_2H_4/C_2H_6 作为神经网络的输入矢量，这也是 IEC 三比值法采用的比值。

对于输出向量，本文采用无故障（NF），中低温过热（LMH），高温过热（HH），低能量放电（LD），高能量放电（HD）5 个输出，用 O_i（i=1，2，…，5）表示。低能量放电一般指局部放电和比较微弱的火花放电；高能量放电一般指电弧放电和比较强烈的火花放电；某输出层神经元输出越大表明发生该种类型故障的可能性和严重程度也越大。神经网络输出分别为：O_1 表示正常；O_2 表示中低温过热；O_3 表示高温过热；O_4 表示低能放电；O_5 表示高能放电。

（2）网络的训练

从收集到的样本中选出经吊芯检查后故障类型比较确定的 20 组作为学习样本（见表 5-8），分别用变步长寻优、动量系数为 0.85 的 BP 算法和 GA-BP 混合算法对网络进行训练。经过多次反复调试，网络隐含层节点数为 10，并将这两种算法的训练结果进行比较见表 5-9。

表 5-8　神经网络训练样本集

编号	输入学习样本			神经网络的期望输出				
	CH_4/H_2	C_2H_2/C_2H_4	C_2H_4/C_2H_6	O_1	O_2	O_3	O_4	O_5
1	0.760 0	1.230 8	0.764 7	1	0	0	0	0
2	0.812 5	0	2.909 1	0	1	0	0	0
3	44.675 9	0	1.059 3	0	1	0	0	0
4	0.059 4	0	1.382 4	0	0	0	1	0
5	5.107 1	0.007 5	9.666 7	0	0	1	0	0
6	0.628 7	0.348 3	12.760 0	0	0	0	0	1
7	0.096 4	0	0.588 2	0	0	0	1	0
8	1.372 3	0.017 0	18.218 2	0	0	1	0	0
9	0.258 5	0.074 1	0.257 1	1	0	0	0	0
10	0.074 5	0	0.206 9	0	0	0	1	0
11	1.447 5	0	0.682 9	0	1	0	0	0
12	1.930 6	0.046 4	4.726 7	0	0	1	0	0
13	0.842 5	1.454 5	14.000 0	0	0	0	0	1
14	0.240 0	1.119 7	8.357 1	0	0	0	0	1
15	1.492 5	0.054 9	6.454 5	1	0	0	0	0
16	1.545 5	0.029 2	11.428 6	0	0	1	0	0
17	1.882 4	0.006 2	9.811 3	0	0	1	0	0
18	3.333 3	0.003 2	1.500 0	0	1	0	0	0

续　表

编号	输入学习样本			神经网络的期望输出				
	CH_4/H_2	C_2H_2/C_2H_4	C_2H_4/C_2H_6	O_1	O_2	O_3	O_4	O_5
19	0.169 8	1.047 6	9.000 0	0	0	0	0	1
20	0.325 4	1.140 8	1.872 7	0	0	0	1	0

表 5–9　不同算法的训练结果比较

问题	算法	训练时间	误差
网络	BP 算法	247.050 0 s	0.793 7
	GA-BP 混合算法	91.510 0 s	0.000 9

由表 5-9 可见：相同层次结构不同算法的神经网络，对于同样一组学习样本集，应用 GA-BP 混合算法训练的时间相对常规 BP 算法训练的时间短误差精度高，所以这种算法效果较好，可以用于变压器的故障诊断。

（3）网络验证及故障诊断仿真实例分析

采用实际检测到的 16 组变压器故障实例来加以验证，并将神经网络诊断结果和实际故障以及 IEC 三比值诊断结果进行比较，如表 5-10 所示。

表 5–10　神经网络诊断结果及与 IEC 三比值方法的比较　　L/L

样本	H_2	CH_4	C_2H_6	C_2H_4	C_2H_2	实际故障	编码	神经网络	神经网络诊断
1	93	58	43	37	0	中温过热	000	#	中低温过热
2	336	419	105	1074	21	高温过热	022	高温过热	高温过热
3	335	67	18	143	170	工频续流放电	102	高能量放电	高能量放电
4	73	520	140	1200	6	磁路高温过热	022	高温过热	#
5	15	125	29	574	7	引线接头过热	022	高温过热	高温过热
6	160	130	33	96	0	低温过热	001	低温过热	中低温过热
7	120	120	33	84	0.55	低温过热	001	低温过热	中低温过热
8	57	77	58	21	0	低温过热	001	低温过热	中低温过热
9	565	93	34	47	0	有局部放电	011*		低能放电
10	98	123	33	296	16	层间绝缘不良	022	高温过热	高温过热
11	36	30	10	93	7.1	高温过热	002*		高温过热
12	14.67	3.68	10.54	2.71	0.20	正常	000	正常	正常

续 表

样本	H_2	CH_4	C_2H_6	C_2H_4	C_2H_2	实际故障	编码	神经网络	神经网络诊断
13	650	53	34	20	0	有局部放电	010	低能放电	低能放电
14	181	262	210	528	0	中低温过热	020	低温过热	中低温过热
15	172.9	334.1	172.9	812.5	37.7	高温过热	022	高温过热	高温过热
16	1678	652.9	80.7	1005.9	419.1	高能放电	102	高能放电	高能放电

表中“#”表示分类错误；“*”表示三比值无对应编码

由表 5-10 诊断结果可见：应用改进 GA-BP 混合算法训练的神经网络对电力变压器故障诊断的准确性和效果比 IEC 三比值诊断法好；应用 IEC 三比值法诊断有时会出现分类错误和诊断结果无对应编码，而采用本文算法的神经网络诊断结果与实际故障基本是相一致的。

遗传算法同时处理搜索空间中的若干点，从而有助于搜索全局最优点，免于陷入局部极小，但遗传算法“爬山能力弱”。而 BP 算法虽易陷入局部极小但具有较强的局部搜索能力。将遗传算法与 BP 算法有机结合起来，利用 BP 算法弥补 GA 算法局部搜索能力的不足，利用 GA 的全局搜索能力避免陷入局部极小，运用于神经网络训练中，可以很好地解决 BP 算法易陷入局部极小而遗传算法搜索时间长这一矛盾，实现了两种算法的取长补短。该算法的计算精度、收敛速度及计算稳定性较常规BP算法及遗传算法有很明显的提高，对输入输出关系比较复杂的训练样本集，有很好的收敛效果。它提高了诊断的可靠性，推广了神经网络应用于电力变压器故障诊断的实用性。

5.3 智能感知技术在变压器故障诊断中的应用

5.3.1 传感数据融合技术

数据融合出现于 20 世纪 70 年代，源于当时军事领域的需要，称为多源相关、多传感器混合数据融合，并于 20 世纪 80 年代建立其技术。美国是数据融合技术起步最早的国家，在随后的十几年时间里各国的研究开始逐步展开，并相继取得了一些具有重要影响的研究成果。和国外相比，我国在数据融合领域的研究起步较晚。海湾战争结束以后，数据融合技术引起国内有关单位和专家的高度重视。一些高校和科研院所相继对数据融合的理论、系统框架和融合算法展开了大量研究。

就传感器而言，单个只能在某一范围内、某一方面描述被测对象，只能提供局部、甚至不精确的信息，只能获得环境或被测对象的部分信息段。多传感器数据融合则是综合利用多个传感器所获取的信息，通过相互之间的关联和互补，克服单个传感器的不确定性和局限性，提高整个系统技术性能，全面准确地描述被测对象，能够完善地、准确地反映环境的特征。

传感器数据融合从多信息的视角进行处理及综合，得到各种数据的内在联系和规律，剔除无用的和错误的信息，保留正确的和有用的成分，最终实现信息的优化。运用多传感器数据融合技术在解决探测、跟踪和目标识别等问题方面，能够增强系统生存能力，提高整个系统的可靠性和鲁棒性，增强数据的可信度，并提高精度，拓宽整个系统的时间、空间覆盖率，增加系统的实时性和信息利用率，同时多传感器数据融合也发挥了各种传感器的优点，取长补短以改善跟踪精度；多个低成本的传感器融合可以代替高价格、高精度传感器，降低系统成木；总的提高了系统的分辨能力和运行效率、系统的可靠性和容错能力等。

多传感器数据融合是一个新兴的研究领域，是针对一个系统使用多种传感器这一特定问题而展开的一种关于数据处理的研究。多传感器数据融合技术是一门实践性较强的应用技术，是多学科交叉的新技术，涉及信号处理、概率统计、信息论、模式识别人工智能、模糊数学等理论。多传感器数据融合技术已成为军事、工业和高技术开发等多方面关心的问题。这一技术广泛应用于复杂工业过程控制、机器人、自动目标识别、交通管制、惯性导航、海洋监视和管理、农业、医疗诊断、模式识别等领域。

1. 多传感器数据融合的基本原理

数据融合是人类和其他生物系统中普遍存在的一种基本功能。人类本能地具有将身体上的各种功能器官所探测到的信息与先验知识进行融合的能力，以便对周围的环境和正在发生的事件做出估计，人类在现实生活中，非常自然地运用了多传感器数据融合这一基本功能。人体的各个器官（眼、耳、鼻、四肢）就相当于传感器，它们将自然界的各种信息（颜色、景物、声音、气味、触觉）组合起来，人们再使用先验知识去估计、理解周围环境和正在发生的事情，并做出相应的行动。由于感官具有不同的度量特征，因而可测出不同空间范围内的各种物理现象，这一过程是复杂的，也是自适应的。把各种信息或数据（图像、声音、气味、形状、纹理或者上下文等）转换成对环境的有价值解释，需要大量的复杂的智能处理，以及适用于解释组合信息含义的知识库。

多传感器数据融合的基本原理就像人脑综合处理信息的过程一样，它充分利用多个传感器资源，通过对这些传感器及其观测信息的合理支配和使用，把多个传感器在时间或空间上的冗余或互补信息依据某种准则来进行组合，以获得被测对象的一致性解释或描述，使该信息系统由此而获得比它的组成部分的子集所构成的系统更优越的性能，传感器之间的冗余数据增强了系统的可靠性，传感器之间的互补数据扩展了单个的性能。多传感器数据融合与经典信号处理方法之间存在本质的区别，其关键在于数据融合所处理多传感器信息具有更为复杂的形式，而且可以在不同的信息层次上出现。模仿人脑综合处理复杂问题的数据融合系统，利用多源数据的优势，提高数据的使用率，获得更为准确的结果，也是最佳协调作用的结果。

利用多个传感器共同或联合操作的优势，提高传感器系统的有效性，消除单个或少量传感器的局限性。在多传感器数据融合系统中，各种传感器的数据可以具有不同的特征，可能是实时的或非实时的、模糊的或确定的、互相支持的或互补的，也可能是互相矛盾或竞争的。简而言之，多传感器数据融合基本原理如下：

1）N 个不同类型的传感器（有源或无源的）收集观测目标的数据；

2）对传感器的输出数据（离散的或连续的时间函数数据、输出矢量、成像数据或个直接的属性说明）进行特征提取的变换，提取代表观测数据的特征矢量 Y；

3）对特征矢量 Y 进行模式识别处理，完成各传感器关于目标的说明；

4）将各传感器关于目标的说明数据按同一目标进行分组，即关联；

5）利用融合算法将每一目标各传感器数据进行合成，得到该目标的一致性解释与描述。

2. 多传感器数据融合的过程

多传感器数据融合的过程主要包括多传感器数据采集、数据预处理、数据融合中心和结果输出等环节，其过程如图 5-6 所示。

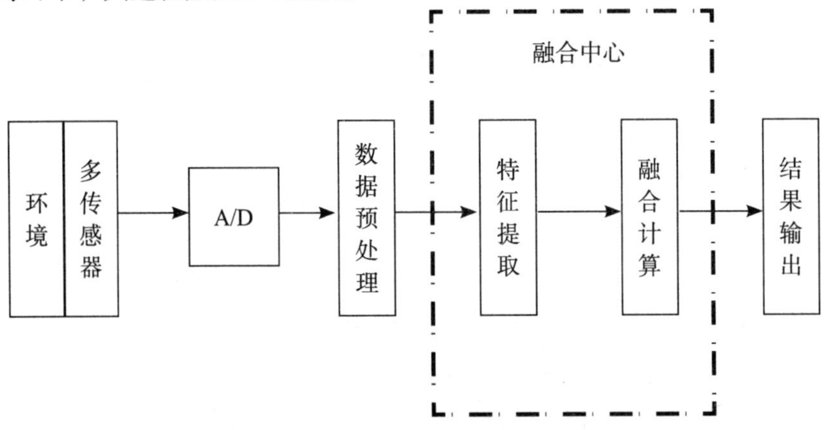

图 5-6　多传感器数据融合过程

由于被测对象多半为具有不同特征的非电量，如压力、温度、色彩和灰度等，因此首先要将它们转换成电信号，然后经过 A/D 转换将它们转换为能由计算机处理的数字量。

数字化后的电信号由于环境等随机因素的影响。不可避免地存在一些干扰和噪声信号，通过预处理滤除数据采集过程中的干扰和噪声，以便得到有用信号。预处理后的有用信号经过特征提取，并对某一特征量进行数据融合计算，最后输出融合结果。多传感器数据融合的主要过程，如下所示：

1）信号获取。多传感器信号获取的方法很多，可根据具体情况采取不同的传感器获取被测对象的信号。图形景物信息的获取一般可利用电视摄像系统或电荷耦合器件，将外界的图形景物信息进入电视摄像系统或电荷耦合器件变化的光通量转换成变化的电信号，再经 D 转换后进入计算机系统。

2）信号预处理。在信号获取过程中，一方面由于各种客观因素的影响，在检测到的信号中常常混有噪声。另一方面，经过 A/D 转换后的离散时间信号除含有原来的噪声外，又增加了 AD 转换器的量化噪声。因此，在对多传感器信号融合处理前，常对传感器输出信号进行预处理，尽可能地去除这些噪音，提高信号的信噪比。信号预处理的方法主要有去均值、滤波、消除趋势项等。

3）特征提取。对来自传感器的原始信息进行特征提取，特征可以是被测对象的物理量。

4）融合计算。数据融合计算方法较多，主要有数据相关技术、估计理论和识别技术等。

数据融合处理过程又可按照相应目标评估分为如下四层。

1）一级处理目标评估：主要功能包括数据对准、数据关联、目标运动学参数估计（跟踪），以及身份估计等，其结果为更高级别的融合过程提供辅助决策信息。

2）二级处理目标评估：Situation 评估是指评价实体之间的相互关系，包括敌我双方兵力结构和使用特点，是对战场上战斗力量分配情况的评价过程。

3）三级处理影响评估：它将当前态势映射到未来。在军事领域即指威胁估计（Threat Assessment），用以对作战事件出现的程度和可能性进行估计，并对敌方作战企图给出指示和告警。

4）四级处理过程评估：它是一个更高级的处理阶段。通过建立一定的优化指标，对整个融合过程进行实时监控与评价，从而实现多传感器自适应信息获取和处理，以支第持特定的任务目标，并最终提高整个系统的性能（包括实时性、决策和估计精度等）。

3. 数据融合系统的结构模型

数据融合系统主要由多传感器、校准、相关、识别、估计等部分组成，如图 5-7 所示。各部分功能如下：

①检测。通过动态扫描实现信号检测和判断，把各观测区域的检测结果报告数据融合中心。

②数据校准。统一各传感器的时间和空间参考点，形成融合所需的统一时间和空间参考点。

③数据相关。对新的观测信息和以前的观测信息进行相关处理，判别不同时间与空间的数据是否来自统一目标。

④目标识别。也称属性分类、身份估计，其结果建立在已知目标类别的先验知识基础上。根据传感器的测量结果可形成一维向量，每一维向量代表目标的一个独立特征。若已知被观测对象的目标有多个类型目标的特征，则可以将实测向量与已知类型的特征进行比较，从而确定目标类别。

⑤参数估计。也称目标跟踪。传感器每次扫描结束时，将新的观测结果与数据融合系统原有的观测结果进行融合，根据传感器的观测值估计目标参数，并利用这些估计预测下一次扫描中参数的测量值。

⑥行为估计。将所有目标的状态和类型与此前确定的可能态势的行为模式相比较，以

确定哪种行为模式与监视区域内所有目标的状态最匹配。检测、相关、识别和估计处理贯穿于整个数据融合系统。

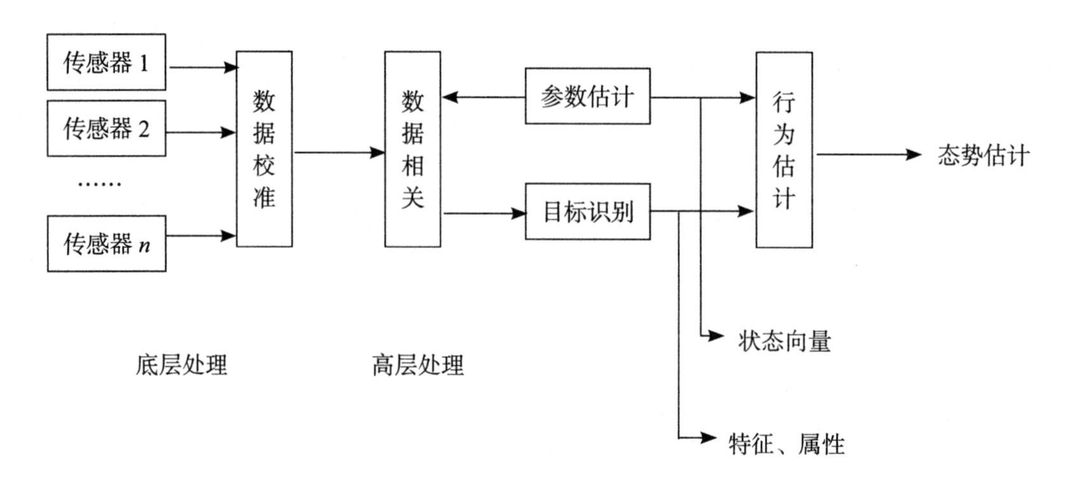

图 5-7　数据融合系统结构

在信息融合处理过程中，根据对原始数据处理方法的不同，信息融合系统的体系结构主要有三种：集中式、分布式和混合式。

集中式结构：处理的是传感器的原始数据；特点是信息损失小，对系统通信要求较高（通信链路处），融合中心计算负担重（融合中心处），系统的生存能力也较差。集中式是指各传感器获取的信息未经任何处理，直接传送到信息融合中心，进行组合和推理，完成最终融合处理。这种结构适用于同构平台的多传感器信息融合，其优点是信息处理损失较小，缺点是对通信网络带宽要求较高。

分布式结构：处理的是经过预处理的局部传感器数据；具有造价低、可靠性高、通信量小等特点。分布式是指在各传感器处完成一定量的计算和处理任务之后，将压缩后的传感器数据传送到融合中心，在融合中心将接收到的多维信息进行组合和推理，最终完成融合。这种结构适合于远距离配置的多传感器系统，不需要过大的通信带宽，但有一定的信息损失。

混合式是兼有集中式和分布式的特点，既有经处理后的传感器数据送到融合中心，也有未经处理的传感器数据送到融合中心。混合式能够根据不同情况灵活设计多传感器的信息融合处理系统。但是这种结构系统性能的稳定性较差。

表 5-11　信息融合系统的体系结构优缺点

融合方式	信息损失	通信带宽	融合处理	融合控制	可扩充性
集中式	小	大	复杂	容易	差
分布式	大	小	容易	复杂	好
混合式	中	中	中等	中等	一般

上述三种信息融合结构的优缺点列于表 5-11。从表中可以看出，三种方式均有各自的特点，但是分布式具有造价低、可靠性高、生成能力强等优点，而且对传感器间的通信带宽没有过于苛刻的要求。因此，在许多用结构中分布式具有相当的吸引力。

5.3.2 智能感知技术在电气工程变压器故障诊断中的应用

1. 应用的价值

在电气工程中，特别是电气工程自动控制系统中，智能技术的应用就是将智能化和信息化紧密结合，利用计算机终端实现电气设备的自动化控制、诊断、决策、运行。智能感知技术在电气工程中的应用价值主要有以下几个方面。

（1）数据获取更方便、全面

电气工程中设备种类繁多，工作条件复杂，数据获取困难，利用先进传感器及传感网络可以方便、准确、全面的获取系统各项数据。

（2）数据处理能力得到根本性突破

电气工程系统中的数据比较复杂，而且数据之间的关系的处理也比较难以让人理解。智能感知中的数据融合技术能够高效、准确的处理数据关系。

（3）电气工程系统实现自动调控

在电气工程中引入机器视觉等智能感知技术能够实现电气工程操作的自适应，也就是说能够根据外界环境的变化而对操作作出调整，以此来适应变化发展的环境。比如智能控制系统中通过布置温度传感器及相应自动控制系统能够对系统温度进行调节，当机器操作到一定阶段后会造成机器的升温，智能系统则会自动调控电气设备中的散热装置，当温度降低到适宜数据时又会自动关闭散热设备。

（4）电气工程系统实现自我决策

智能感知技术还能够根据外界的刺激反应不同而自我生成不同的决策行为，从而具有一定的决策能力。在电气工程自动控制系统中，智能感知技术自我决策最突出表现便是故障的诊断。电气故障是电气工程系统中必然会出现的一个局面，我们不能保证零故障，但我们能够运用智能化技术实现故障的最快诊断。利用智能化技术，能够及时发现电气设备中的故障源，及时对故障的原因进行分析，并自我决策，做出解决故障的命令。

2. 多传感器数据融合技术在变压器故障诊断中的应用

在电力系统中，大型变压器运行出现异常的情况时有发生，对电网的安全运行造成了严重威胁。变压器故障诊断是根据故障现象确定其产生原因，通过检测信息，判断故障类型和故障程度，为状态维修提供智能化的决策。新的理论和方法应用于电力设备故障诊断的研究越来越多。

（1）变压器故障诊断

变压器故障能对要发生或已发生的故障进行预报和分析、判断，确定故障的性质和类型。变压器诊断是根据状态监测所获得的信息，结合已知的参数、结构特性和环境条件对可能发生故障的诊断方法很多，气体色谱分析法、绝缘监测法及低压脉冲响应、脉冲频谱和扫频频谱法等，这些方法在实际应用中不断地在完善。

（2）故障诊断与数据融合的关系

对于故障监测、报警与诊断系统，图 5-8 结构比较适合。数据层的融合包括多传感器系统反映的直接数据及其必要的预处理或分析等过程，如信号滤波、各种谱分析、小波分析等。特征层包括对数据层融合的结果进行有效的决策，大致对应各种故障诊断方法，决策层对应故障隔离、系统降额使用等针对诊断结果所做的各种故障对策。

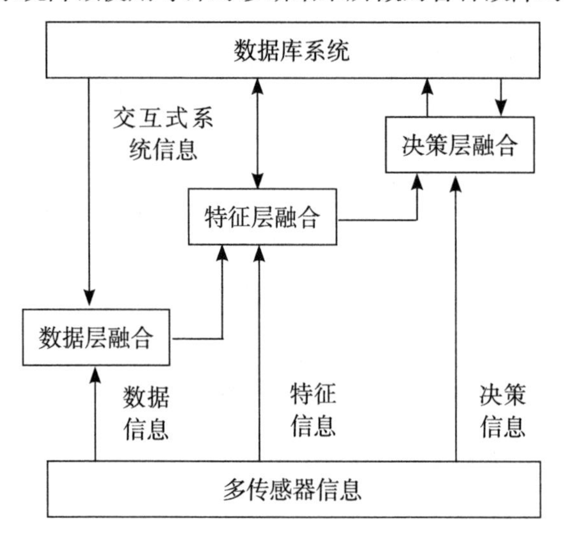

图 5–8　多传感器数据融合层次化结构

传感器系统（或分布式传感器系统）获得的信息存入数据库，进行数据采掘，并进行检测层的数据融合，实现故障监测、报警等初级诊断功能。特征层融合需要检测层的融合结果及变压器诊断知识的融合结果。诊断知识包括各种先验知识及数据采掘系统得到的有关对象运行的新知识。结合诊断知识融合结果和检测层的数据融合结果，进行特征层数据融合，实现故障诊断系统中的诊断功能。

决策层融合的信息来源是特征层的数据融合结果和对策知识融合的结果，根据决策层数据融合的结果，取相应的故障隔离策略，实现故障检测、故障诊断等。故障诊断系统的最终目的就是故障状态下的对策。

（3）变压器故障诊断系统结构

变压器故障诊断系统包括数据融合、知识融合及由数据到知识的融合。先融合处理来自多传感器的数据，将融合后的信息及来自变压器本体和其他方面的信息，按照一定的规则推理，即进行知识融合，同时将有关信息存入数据库系统，为利用数据采掘技术发现知识作必要的数据储备。然后利用大量的数据，从中发现潜在而未知的新知识，并根据现有的运行状态来修正原有的知识，实现更迅速、准确、全面的故障监测、报警和诊断。

监测诊断系统在实用中时常发生虚警、误报、漏报等情况，除了在监测原理和设备硬件方面可能存在缺陷外，另一原因是对监测信息缺乏综合统一的分析和判断。这种对监测信息处理不当主要表现是：

①设备状态或故障的信息群出现了矛盾；

②信息处理方法与信息数据之间的不匹配；

③存在环境及其变化的干扰信息。从对信息的获取、变换、传输、处理、识别的整个过程来看，缺少“融合”环节，所获取的信息源越多，发生信息矛盾及信息熵增的可能性越大，所以必须进行信息融合。

根据变压器故障以及信息融合技术的特点，在变压器故障诊断系统中，采用图 5-9 信息融合故障诊断模型。由于变压器监测的实时性要求，在该模型中，应遵循时域快速特征提取准则进行特征提取，有效表述状态的特征数据，形成统一的特征表述，以便数据匹配和特征关联的一致性，保证信息融合的成功。特征信息与变压器故障信息间存在一定的关联性质，它依赖于故障机理等内在因素。采用匹配知识规则，引入模糊推理进行决策融合和故障诊断。

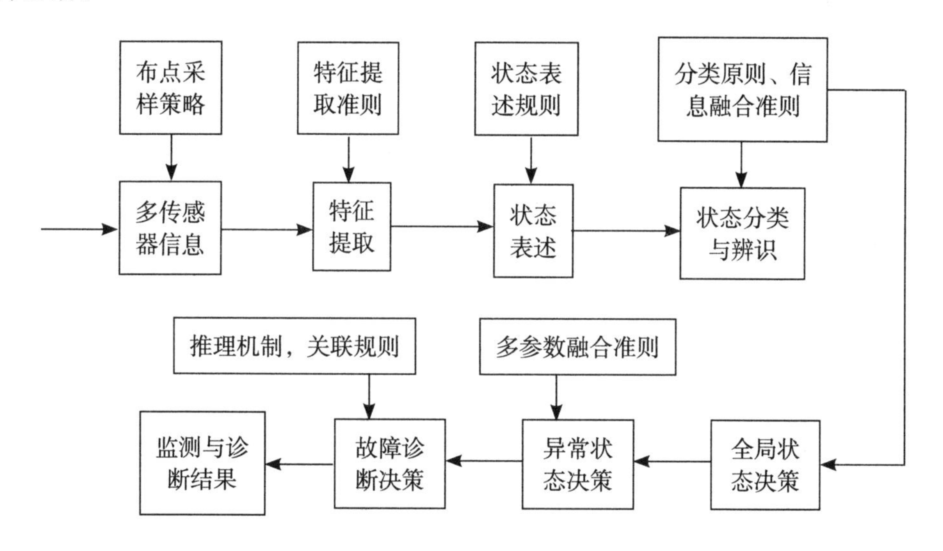

图 5–9　基于信息融合的故障诊断模型

4. 实例

某电厂主变在运行时，取样分析各特征气体的油中含量 φ（B）（10^{-6}）分别为 H_2 77、CO 310、CO_2 1200、CH_4 120、C_2H_6 44、C_2H_4 210、C_2H_{20} 8、C_1+C_2 370，绝对产气速率 γ_φ=7.4 mL/s 故障分析判断过程。

①气体色谱分析总烃含量超标，但 φ（C_2H_2）较小，为一般过热性故障。

②按“三比值法”分析：编码为 0、2、2，属于 700 ℃高温的热故障。

③电气试验测量绝缘电阻：高压对低压及地 R_{60}=2600 MΩ，R_{15}=1700 MΩ。低压对高压及地 R_{60}=900 MΩ，R_{15}=500 MΩ。直流电阻：高压 R_{AO}=0.218 7 Ω，R_{BO}=0.217 9 Ω，R_{CO}=0.218 7 Ω。低压 R_{ab}=1.181 mΩ，R_{be}=1.180 mΩ，R_{ca}=1.180 mΩ。据此判断绝缘电阻和直流电阻均在合理的范围内，没有铁芯和绕组故障。

④油化试验显示油 φ（H_2O）=7.0×10^{-6}，φ（$C_3H_4O_2$）=0.002 mg/L，连续对油中气体取样分析显示油中气体含量均有增加，且以 CH_4 和 C_2H_4 为主，CO 和 CO_2 含量不高，由此判断内部存在局部过热，而 C_2H_2 含量小，热点温度不高于 700 ℃。

⑤油中金属含量测试：ω（Fe）=0.46×10^{-6}，ω（Cu）=1.27×10^{-6}，ω（Al）=0.43×10^{-6} 据此分析，过热部位可能是潜油泵、低压引线和分接开关。

⑥观察主变油温高出往常 1 ~ 2 ℃，最大差别 4 ℃主变冷却效率偏低，判断潜油泵存在故障可能性极大。解体检查结果潜油泵电机两端严重过热，非叶轮端轴承内圈胀裂。通过分析，采用单一的信息参数难以准确判断故障的原因和部位，多种信息参数的综合诊断才能降低监测的误判率和漏判率。

引起变压器故障原因的多样性、交叉性，仅根据单一的原因或征兆，采用一种方法和参数难以对故障进行可靠准确的诊断，多传感器能提供变压器多方面的信息，向多传感器信息融合发展是必然之路。信息融合技术应用于变压器故障诊断，将对提高诊断结果的可靠性和准确性发挥重要作用。

参考文献

[1] 李国勇.智能控制与MATLAB在电控发动机中的应用[M].北京:电子工业出版社,2007.

[2] 熊浩清.大型电力变压器故障诊断中人工智能算法与应用[M].郑州:郑州大学出版社,2017.

[3] 杨以涵,唐国庆,高曙.专家系统及其在电力系统中的应用[M].北京:水利电力出版社,1995.

[4] 毕大强.粒子群优化算法及其在电力电子控制中的应用[M].北京:科学出版社,2016.

[5] 盛万兴,杨旭升.多Agent系统及其在电力系统中的应用[M].北京:中国电力出版社,2007.

[6] 王平洋,胡兆光.模糊数学在电力系统中的应用[M].北京:中国电力出版社,1999.

[7] 哈里斯.人工智能的应用[M].饶忠键,孟昭珍,施鑫,译.南京:译林出版社,1992.

[8] 米爱中,姜国权,霍占强.人工智能及其应用[M].长春:吉林大学出版社,2014.

[9] 张清华.人工智能技术及应用[M].北京:中国石化出版社,2012.

[10] 昂撒考,屋.人工智能在电力系统优化中的应用[M].连晓峰,译.北京:机械工业出版社,2015.

[11] 艾芊.现代电力系统辨识人工智能方法[M].上海:上海交通大学出版社,2012.

[12] 王占山,关焕新.智能控制及其在电力系统中的应用[M].沈阳:东北大学出版社,2015.

[13] 王忠礼,段慧达,高玉峰.MATLAB应用技术 在电气工程与自动化专业中的应用[M].北京:清华大学出版社,2007.

[14] 王超,龙飞,张国,等.人工智能技术及其军事应用[M].北京:国防工业出版社,2016.